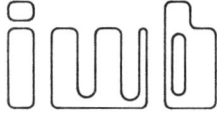

Forschungsberichte · Band 42

**Berichte aus dem
Institut für Werkzeugmaschinen
und Betriebswissenschaften
der Technischen Universität München**

Herausgeber: Prof. Dr.-Ing. J. Milberg

Forschungsberichte Band 42

Berichte aus dem
...nstitut für Werkzeugmaschinen
und Betriebswissenschaften
...der Technischen Universität München

Herausgeber: Prof. Dr.-Ing. ...Milberg

Claus Burger

Produktionsregelung
mit entscheidungsunterstützenden
Informationssystemen

Mit 94 Abbildungen

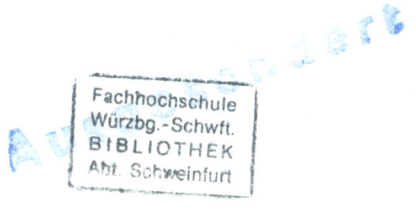

Springer-Verlag
Berlin Heidelberg New York London Paris
Tokyo Hong Kong Barcelona Budapest 1992

Dipl.-Ing. Claus Burger
Institut für Werkzeugmaschinen und Betriebswissenschaften (iwb), München

Dr.-Ing. J. Milberg
o. Professor an der Technischen Universität München
Institut für Werkzeugmaschinen und Betriebswissenschaften (iwb), München

D 91

ISBN 3-540-55187-5 Springer-Verlag Berlin Heidelberg New York

Geleitwort des Herausgebers

Die Verbesserung der Fertigungsmaschinen, der Fertigungsverfahren und der Fertigungsorganisation zur Steigerung der Produktivität und Verringerung der Fertigungskosten ist eine ständige Aufgabe der Produktionstechnik. Die Situation in der Produktionstechnik ist durch abnehmende Fertigungslosgrößen und zunehmende Personalkosten sowie durch eine unzureichende Nutzung der Produktionsanlagen geprägt. Neben den Forderungen nach einer Verbesserung der Mengenleistung und der Arbeitsgenauigkeit gewinnt die Steigerung der Flexibilität von Fertigungsmaschinen und Fertigungsabläufen immer mehr an Bedeutung. In zunehmendem Maße werden Programme, Einrichtungen und Anlagen für rechnergestützte und flexibel automatisierte Produktionsabläufe entwickelt.

Ziel der Forschungsarbeiten am Institut für Werkzeugmaschinen und Bertriebswissenschaften der Technischen Universität München (iwb) ist die weitere Verbesserung der Fertigungsmittel und Fertigungsverfahren im Hinblick auf eine Optimierung der Arbeitsgenauigkeit und Mengenleistung der Fertigungssysteme. Dabei stehen Fragen der anforderungsgerechten Maschinenauslegung sowie der optimalen Prozeßführung im Vordergrund. Ein weiterer Schwerpunkt ist die Entwicklung fortgeschrittener Produktionsstrukturen und die Erarbeitung von Konzepten für die Automatisierung des Auftragsdurchlaufs. Das Ziel ist eine Integration der technischen Auftragsabwicklung von der Konstruktion bis zur Montage.

Die im Rahmen dieser Buchreihe erscheinenden Bände stammen thematisch aus den Forschungsbereichen des iwb: Fertigungsverfahren, Werkzeugmaschinen, Fertigungsautomatisierung und Montageautomatisierung. In ihnen werden neue Ergebnisse und Erkenntnisse aus der praxisnahen Forschung des iwb veröffentlicht. Diese Buchreihe soll dazu beitragen, den Wissenstransfer zwischen dem Hochschulbereich und dem Anwender in der Praxis zu verbessern.

Joachim Milberg

Vorwort

Die vorliegende Dissertation entstand während meiner Tätigkeit als wissenschaftlicher Mitarbeiter am Institut für Werkzeugmaschinen und Betriebswissenschaften (iwb) der Technischen Universität München.

Herrn Prof. Dr.-Ing. Joachim Milberg, dem Leiter des Instituts, gilt mein besonderer Dank für seine stete Unterstützung und wohlwollende Förderung sowie für seine wertvollen Anregungen, die zum Gelingen der Arbeit entscheidend beigetragen haben.

Herrn Prof. Dr.-Ing. Hans-Peter Wiendahl, dem Leiter des Instituts für Fabrikanlagen der Universität Hannover, danke ich für die aufmerksame Durchsicht meiner Arbeit und die Vielzahl konstruktiver Hinweise.

Schließlich möchte ich mich bei allen Mitarbeitern und Studenten des iwb bedanken, die mich bei der Erstellung der Arbeit tatkräftig unterstützt haben. Insbesondere meinen Freunden Dipl.-Ing. Michael Beutner, Dipl.-Ing. Clemens Martin, cand.-Inform. Norbert Pillmayer sowie Dipl.-Inform. Dorothea Mehling schulde ich Dank für ihr großes Engagement und die außergewöhnlich produktive Zusammenarbeit in der Endphase meiner Promotion.

Starnberg, im Dezember 1991   *Claus Burger*

Inhaltsverzeichnis

Abkürzungsverzeichnis

AZ	= Auftragszentrum
BDE	= Betriebsdatenerfassung
BDV	= Betriebsdatenverarbeitung
BGD	= Bestandsgeregelte Durchflußsteuerung
BOA	= Belastungsorientierte Auftragsfreigabe
CAD	= Computer Aided Design
CAE	= Computer Aided Engineering
CAM	= Computer Aided Manufacturing
CAP	= Computer Aided Planning
CAQ	= Computer Aided Quality Assurance
CIM	= Computer Integrated Manufacturing
DLZ	= Durchlaufzeit
DV	= Datenverarbeitung
EDV	= Elektronische Datenverarbeitung
EM	= Endmontage
FBG	= Flachbaugruppe/Flachbaugruppenbestückung
FLS	= Fertigungsleitsystem
IPC	= Inter Process Communication
JIT	= Just in Time
KADS	= Knowledge Acquisition and Documentation Structuring
KEE	= Knowledge Engineering Environment
KI	= Künstliche Intelligenz
KL	= Komplettlinie
KS	= Kunststoffspritzerei
LISP	= List Processing Language
MDE	= Maschinendatenerfassung
MIPS	= Million Instructions Per Second
OOP	= Objektorientierte Programmierung
OR	= Operations Research
OSA	= Open System Architecture
OSI	= Open Systems Interconnection
PPS	= Produktionsplanung und -steuerung
PROLOG	= Programming in Logic
RDBMS	= Relational Database Management System
SQL	= Structured Query Language
VF	= Vorfertigung

1 Einleitung, Situationsanalyse, Zielsetzung

Kapitel 1 stellt Thema und Aufbau der vorliegenden Arbeit vor. Dazu werden zunächst aktuelle Entwicklungen sowie deren Einfluß auf die Produktionsleittechnik erörtert. Es folgt eine kurze Zusammenfassung des Stands der Technik, die sowohl verfügbare PPS- bzw. Fertigungsleitsysteme als auch Ansätze aus dem Bereich der universitären Forschung einbezieht. Am Ende des Kapitels werden Zielsetzung und Gliederung der Arbeit genauer erklärt.

1.1 Einleitung

Für die Konkurrenzfähigkeit eines Industrieunternehmens gewinnen die **Flexibilität bei der Auftragsabwicklung** und die **Reduzierung der Auftragsdurchlaufzeit** zunehmend an Bedeutung. Die Verkürzung der zur Gesamtdurchlaufzeit beitragenden Zeitanteile entwickelt sich deshalb immer mehr zum Hauptziel der Organisation in sämtlichen an der Entstehung eines Produktes beteiligten Betriebsbereichen. Besonderes Augenmerk liegt dabei auf den Zeitanteilen aus Produktion und Logistik [PAWE 87,89+90, JÜNE 89, TREU 90, MILB 91].

Die Durchlaufzeit in Fertigung und Montage besteht neben den **aktiven Zeiten**, in denen ein Auftrag sich in Bearbeitung befindet, zu einem hohen Prozentsatz aus **passiven Zeitanteilen**, die sich aus Transport-, Liege- und Wartezeiten vor bzw. nach jeder Bearbeitung ergeben. Diese **unerwünschten Durchlaufzeitanteile aus Produktion und Logistik** können reduziert werden, indem die heute noch häufig stockenden Material- und Informationsflüsse mit Hilfe rechnergestützter, **regelnder Verfahren zum Fließen gebracht** werden (Bild 1-1).

Aufgabe der **Produktions- bzw. Fertigungssteuerung** ist es, in allen Teilbereichen der Produktion den Fluß der Aufträge und damit auch des Materials **möglichst optimal zu steuern**. Praktische Erfahrungen haben jedoch gezeigt, daß es mit heutigen EDV-Verfahren wegen der zunehmenden **Komplexität**

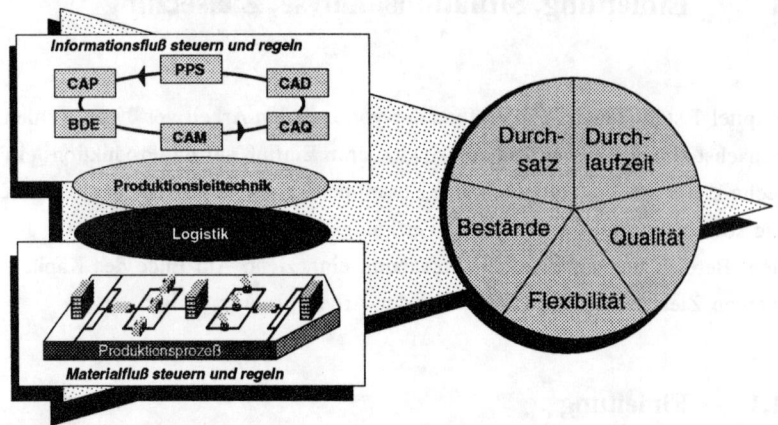

Bild 1-1: Material und Information müssen geregelt fließen

moderner Produktionsanlagen und wegen auftretender Störungen oft nicht gelingt, Material und Information am Fließen zu halten. Steigender **Variantenreichtum** sowie der immer größer werdende **Kosten- und Termindruck** erhöhen weiter die Anfälligkeit der Produktionsabläufe gegenüber **Störungen**, welche auch wegen der allgemein reduzierten Reservebestände direkt zu **Stockungen im Materialfluß** führen können.

Heutige Systeme der Produktionsleittechnik sind oft nicht in der Lage, dem Fachpersonal einen **ausreichenden Überblick** über das Geschehen in Fertigung und Montage zu vermitteln. Es fehlen z.T. wichtige Informationen, die aber benötigt würden, um im Verlauf **Störungen rechtzeitig erkennen** oder im voraus die **Erfolgsaussichten und Konsequenzen** gerade anstehender Enscheidungen vollständig beurteilen zu können. Die Folge sind Fehleinschätzungen und mangelhaft situationsangepaßte Vorgaben an Fertigungs- und Montagebereiche, die dort früher oder später zu weiteren Problemen führen.

Bei **mehrstufiger, auftragsbezogener Produktion** wirken sich sämtliche Störungen während des Auftragsdurchlaufs spätestens in der **Endmontage** in Form von **Verlustzeiten** oder unnötig hohen **Bestandskosten** aus.

Zugeliefertes Material oder planmäßig fertiggestellte Module bleiben liegen, weil verspätete Teile die Montage verhindern. Gleichzeitig hat die Endmontage als **letztes aktives Glied der Durchlaufzeitkette** lediglich einen geringen zeitlichen **Handlungsspielraum** und kann daher nur bei kleinen Abweichungen ausgleichend wirken (Bild 1-2).

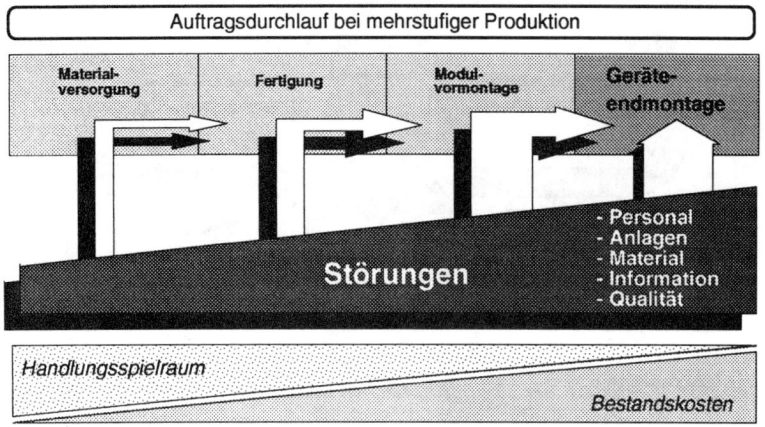

Bild 1-2: Die Endmontage als Sammelbecken aller Störungen

Die Auftragsabwicklung muß daher in allen Bereichen **schritthaltend, flexibel und situationsangepaßt geplant, fortlaufend überwacht** sowie über frühzeitige und angemessene **regelnde Eingriffe sichergestellt** werden [KUHN 90]. Diese Regelung des Auftragsdurchlaufs in der Produktion erfordert neuartige Rechnerhilfsmittel, die **ereignisorientiert** arbeiten und **situationsbezogen Entscheidungsunterstützung** bieten [BURG 90,91+91a, MILB 91b].

Verantwortlich für die auftretenden Stockungen sind neben den unvorhersehbaren **technischen Störungen** im Produktionsprozeß (z.B. Maschinenausfälle) auch in hohem Maße **organisatorische Störungen** (z.B. Fehlteile, Verspätungen), die etwa durch **Planungsfehler** oder durch sich im Verlauf ergebende **Abweichungen von den Planvorgaben** hervorgerufen werden können (Bild 1-3).

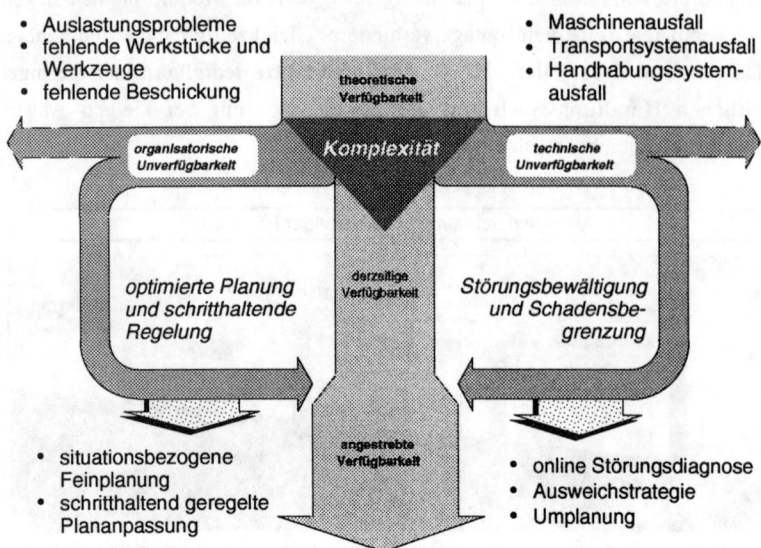

- Auslastungsprobleme
- fehlende Werkstücke und Werkzeuge
- fehlende Beschickung

- Maschinenausfall
- Transportsystemausfall
- Handhabungssystemausfall

theoretische Verfügbarkeit

organisatorische Unverfügbarkeit   Komplexität   technische Unverfügbarkeit

optimierte Planung und schritthaltende Regelung   derzeitige Verfügbarkeit   *Störungsbewältigung und Schadensbegrenzung*

- situationsbezogene Feinplanung
- schritthaltend geregelte Plananpassung

angestrebte Verfügbarkeit

- online Störungsdiagnose
- Ausweichstrategie
- Umplanung

Bild 1-3:   Erhöhung der organisatorischen und technischen Gesamtverfügbarkeit durch regelnde Verfahren [in Anlehnung an KUPE 91]

Aufgabe einer Produktionsregelung ist es daher vor allem, vermeidbare **organisatorische Störungen** auf ein Minimum zu reduzieren, indem sowohl Informations- als auch Materialfluß **flexibel (um-) geplant, permanent überwacht und kontrolliert** sowie schritthaltend durch **Regelungsmaßnahmen sichergestellt** werden [vgl. BÖRN 86, MILB 88, SHMI 91]. Bei der Bewältigung **technischer Störungen** steht das rechtzeitige Erkennen und geeignete Reagieren im Vordergrund. Durch **schnelle Reaktionen** und die rechnergestützte Planung **sinnvoller Ausweichstrategien** kann der entstehende "Schaden" begrenzt und **Zeit gutgemacht** werden.

Die vorliegende Arbeit will hierzu einen Beitrag leisten, indem, aufbauend auf einer **gesamtheitlichen Betrachtung der Produktionsregelung**, ein **Systemkonzept** vorgeschlagen wird, das entsprechende **Rechnerhilfsmittel zur Entscheidungsunterstützung** vorsieht. Mit Hilfe graphikfähiger EDV-Komponenten sollen im kurzfristigen Bereich Produktionsabläufe **realis-**

tischer geplant, präziser überwacht und situationsangepaßter geführt werden können.

1.2 Stand der Forschung

1.2.1 Trends und Entwicklungen

Bedingt durch die hohe **Änderungsgeschwindigkeit** unternehmerischer Situationen, die steigende **Komplexität** der Produktionsanlagen und die zunehmende **Rechnerintegration** im Umfeld der Produktion, sowie beeinflußt vom raschen Fortschritt der Datenverarbeitung, wandeln sich gegenwärtig die Anforderungen der Industrie an moderne PPS- und Leitstandsysteme.

Probleme bestehen bei der Einpassung dieser Systeme in bestehende Organisationsstrukturen und EDV-Landschaften. Aufgrund **fehlender oder nicht zusammenpassender Schnittstellen** können Daten häufig nicht im gewünschten Maße von Systemen zur Betriebsdatenerfassung übernommen oder mit den sog. CA-Komponenten (CAD, CAP, etc.) ausgetauscht werden [UMFR 90]. Abhilfe schaffen **offene Architekturen** für **konfigurierbare,** gleichsam maßgeschneiderte Systeme auf der Basis einer **bereichsübergreifenden technisch-betriebswissenschaftlichen Datenbasis**, auf die sämtliche CA-Komponenten und Einzelsysteme Zugriff haben.

Auch für **Simulationsuntersuchungen** können aus dieser Datenbasis wichtige Informationen und Parameter entnommen werden. Der Einsatz der Simulation ermöglicht im Rahmen der Produktionsleittechnik eine bessere **Bewertbarkeit von Entscheidungen.** Verschiedene **Planalternativen** können in der Simulation verglichen und **iterativ verbessert** werden; die Konsequenzen unterschiedlicher Handlungsmöglichkeiten lassen sich besser abschätzen (Probeeinlastung/-betrieb) [MILB 89+91a, WIEN 89a+90]. Simulatoren werden deshalb in Zukunft stärker als bisher **in PPS- oder Fertigungsleitsysteme integriert** zum Einsatz kommen.

Durch eine offene Systemarchitektur und die damit leicht zu verbindende **Modularisierung und Konfigurierbarkeit** der Systeme, sowie über situationsabhängig **wählbare Planungsmethoden** und -strategien lassen sich zukünftige Systeme besser an den Betrieb anpassen und können somit **flexibler in unterschiedlichen Situationen agieren.**

Auch **wissensbasierte Komponenten** können dann **als Module integriert** zum Einsatz kommen und über Heuristiken bestimmte Planungs- oder Diagnoseaufgaben intelligent lösen [vgl. KRAL 86+87, SPUR 86, MILB 87, SCHM 87+88, MERT 88+89, BULL 89, PÖTS 89, STEI 89, HELD 90, WARN 90, ZELE 90]. Bisher werden wissensbasierte Systeme aus dem Bereich der Produktionsleittechnik allerdings nur in wenigen Fällen tatsächlich vor Ort eingesetzt und befinden sich meist noch im **Stadium der Entwicklung bzw. Erprobung** (Bild 1-4) [MERT 90+90a].

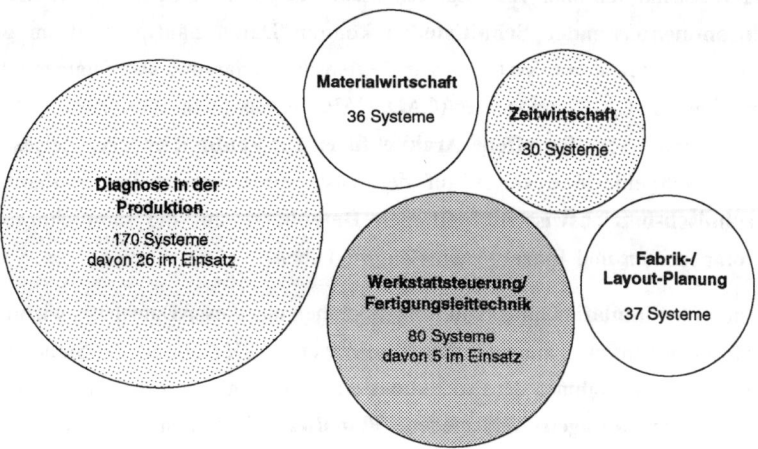

Bild 1-4: Aktueller Stand bei Expertensystemen im Produktionsbereich
[nach MERT 90a]

Zukünftige Systeme werden auch bessere Unterstützung für die Auftragsabwicklung beinhalten und – beispielsweise über eine **ausgeprägte Auftrags-**

leitkomponente – die Verbindung zwischen der Auftragsleittechnik im Fertigungsvorfeld und der Werkstattsteuerung herstellen.

"Operative Dispositionsmöglichkeiten" während der Auftragsabwicklung in Fertigung und Montage gewinnen insgesamt an Bedeutung. Konventionelle Systeme unterstützen die kurzfristige Feinplanung und Fertigungssteuerung nur sehr mangelhaft und bieten **kaum Entscheidungsunterstützung oder Eingriffsmöglichkeiten** in bestehende, u.U. überholte Pläne [EVER 88, HERT 89].

An die Stelle dieser starren, oft zentral organisierten und lediglich dispositiv vorausblickenden Planungsverfahren werden daher zumindest für Teilaufgaben **dezentralisierte Systeme** treten, die **flexibel auf aktuelle Ereignisse** (z.b. Störungen) **reagieren** und in geeigneter Weise **kurzfristig Umplanungen durchführen** können [WICH 83, SCHI 84, ROSE 88]. Praktische Erfahrungen haben nämlich gezeigt, daß auch ursprünglich korrekte Pläne infolge einer Vielzahl von **unvorhersehbaren Einflüssen und Störungen** rasch veralten. Während früher eher eine und zeitlich relativ weitreichende Planung der Produktionsabläufe im Vordergrund stand, die **periodisch und z.t. mehrstufig** durchgeführt wurde, verlagert sich deshalb das Hauptaugenmerk gegenwärtig in Richtung einer **flexiblen Steuerung** und **situationsangepaßten Koordination** der Produktionsabläufe (Bild 1-5) [SCHE 88].

Die vorausschauende, zentral organisierte Planung beschränkt sich immer mehr auf den dispositiven, mittel- und langfristigen Bereich. Aufgaben der **kurzfristigen Feinplanung, Auftragssteuerung, Überwachung und Koordination** werden auch heute schon häufig dezentral von eigenständigen (Leitstand-) Systemen übernommen [NISS 82, FOCK 88, KOCH 90].

Automatisierte Informationsrückkopplungen von im Produktionsprozeß erfaßten Betriebsdaten in die laufende Planung können zur Verbesserung der Realitätsnähe und Genauigkeit der Planvorgaben beitragen, indem auch die **Planungsgrundlagen permanent aktualisiert** werden (Adaption der Planungsparameter; [vgl. KITT 83, BAIT 87]).

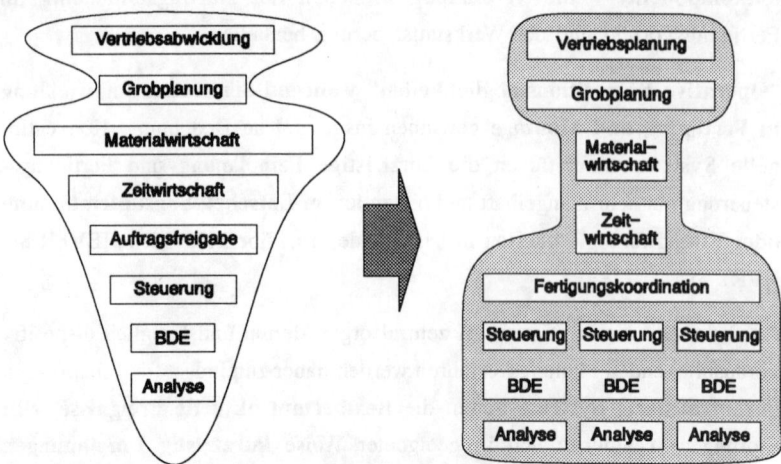

Bild 1-5: Gewichtungsverschiebung innerhalb der PPS-Funktionalität [nach SCHE 88]

Betriebsdaten werden heute i.allg. bereits in größerem Umfang erfaßt und liegen demnach prinzipiell vor; sie werden aber bisher kaum automatisch bzgl. ihrer Korrektheit überprüft, zu **aussagekräftigen Kennzahlen** verdichtet oder **graphisch aufbereitet**. Nicht selten stehen die Betriebsdaten nur auf Abruf und in alphanumerischer Form bereit und werden deshalb bei aktuellen Entscheidungen teilweise nicht ausreichend berücksichtigt.

In PPS- und Leitstandsysteme integrierte, **farbgraphikfähige Überwachungshilfsmittel** (Monitorsysteme) können diese "**Zahlenfriedhöfe**" veranschaulichen und somit eine **wirkungsvollere Kontrolle** der Planeinhaltung während der Produktion ermöglichen.

1.2.2 PPS- und Fertigungsleitsysteme

Um festzustellen, inwieweit bereits heute **Ansätze zur Produktionsregelung** in verfügbare PPS- und Fertigungsleitsysteme Eingang gefunden haben, wurde im Rahmen der vorliegenden Arbeit eine **Befragung bei Anbietern von PPS-**

und Fertigungsleitsystemen durchgeführt. Dabei wurden insgesamt 109 in Frage kommende Firmen nach Möglichkeiten zur **Informationsrückkopplung**, **Überwachungs- und Diagnosemöglichkeiten** sowie Möglichkeiten einer **Entscheidungsunterstützung** in ihrem Produkt gefragt.

Die Auswertung der eingegangenen Antworten von **36 PPS-Anbieterfirmen** und **27 Fertigungsleitsystem-Anbietern** faßt Bild 1-6 zusammen. Die Darstellung soll anhand der Anzahl gefundener Realisierungsansätze einen **groben Anhaltspunkt für den derzeitigen Verbreitungsgrad** der verschiedenen für die Produktionsregelung relevanten Techniken liefern.

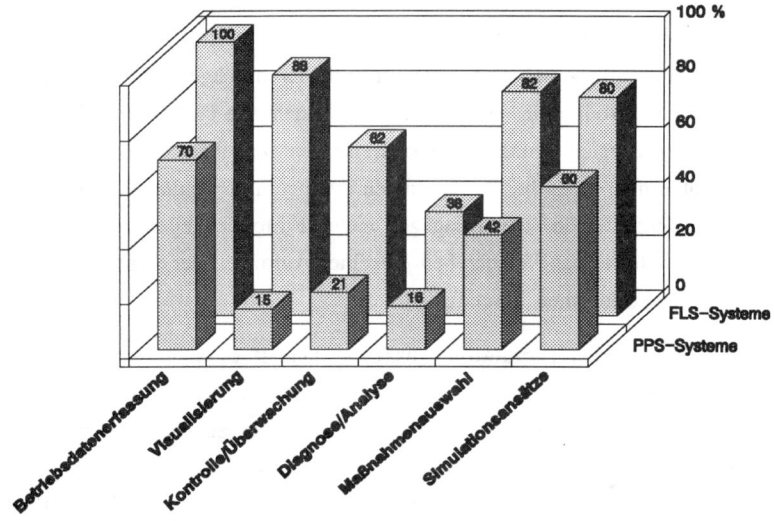

Bild 1-6: Ergebnisse einer Befragung von PPS- und Fertigungsleitsysteman-
bietern

Demnach verfügen alle untersuchten Fertigungsleitsysteme über **Schnittstellen zu BDE/MDE-Modulen**, während immerhin dreiviertel der PPS-Systeme Betriebsdaten übernehmen können.

Die **Visualisierung von Betriebsdaten** erlauben in graphischer Form nur 15% der PPS-Systeme, wogegen bei Fertigungsleitsystemen 88% Informationsaufbereitungen auf graphischen Benutzeroberflächen anbieten. **Kontroll- und Überwachungsfunktionen** stehen bei 21% der PPS- und 62% der Fertigungsleitsysteme zur Verfügung; der Vergleich mit Plandaten wird jeweils zumindest anhand einiger Kennzahlen ermöglicht.

Diagnose- bzw. Analysemöglichkeiten werden im PPS-Bereich nur von Systemen unterstützt, die die belastungsorientierte Auftragsfreigabe als Modul integrieren. Bei 38% der untersuchten Fertigungsleitsysteme stehen Statistiken, Leistungsdiagramme oder Abweichungsanalysen zur Verfügung und können als Diagramm graphisch dargestellt werden.

Beinahe die Hälfte der betrachteten PPS-Systeme besitzt – allerdings z.T. wenig ausgeprägte – Möglichkeiten, anhand der durchgeführten Situationsanalyse in die Produktion einzugreifen und bestehende **Pläne zu ändern**. Im kurzfristigen Bereich können beispielsweise Überlappungen, Splittungen und Reihenfolgeänderungen bei Arbeitsfolgen durchgeführt werden. Bei fast allen Fertigungsleitsystemen stehen dagegen mehrere Möglichkeiten zur Auswahl, deren verbreitetste das Verschieben einzelner Aufträge oder Arbeitsvorgänge auf einer elektronischen Plantafel ist.

Bei den realisierten **Simulationsansätzen** handelt es sich durchwegs um **Proberechnungen** [WIEN 89a], die außerdem einen direkten Vergleich und die Bewertung verschiedener Simulationsläufe nicht zulassen. So wird das Verschieben eines Arbeitsgangs auf der elektronischen Plantafel und die folgende automatische Umverteilung der Arbeitsinhalte in diesem Zusammenhang bereits als Simulation bezeichnet, weil das Ergebnis nicht direkt die Vorgabe für die Fertigung bildet und mehrmals wieder verworfen werden kann. Im PPS-Bereich werden im Rahmen dieser "Simulation" meist die Auswirkung von bestimmten Planänderungen auf Kapazitätsbelastung und Auftragstermine berechnet.

Zusammenfassend kann festgestellt werden, daß zwar vielen Firmen der **Gedanke einer Regelung der Produktion nicht fremd** ist und zu einem erstaunlich hohen Teil sogar explizit in den Unterlagen auftaucht, daß aber **für eine konkrete Umsetzung bisher keine gesamtheitlichen Ansätze existieren.** Einzelne Teilaspekte sind deutlich auf dem Vormarsch (Betriebsdatenverarbeitung, Überwachung, Simulation), wogegen **durchgängige Konzepte bisher nicht realisiert** sind.

1.2.3 Ansätze zur Regelung der Produktion

Die durch aktuelle Entwicklungen ausgelöste Forderung nach **Flexibilität und Transparenz** des Planungs- und Steuerungsprozesses (vgl. Kap. 1.2.1) erfordern eine systematische Umsetzung **kybernetischer Prinzipien** in der Produktions- bzw. Werkstattsteuerung. Charakteristisches Merkmal dieser Prinzipien ist der Gedanke eines in periodischen Abständen durchlaufenen "Regelkreises", bei dem (automatisch) erfaßte **Kenndaten** des in Fertigung und Montage erzielten Produktionsfortschritts zur **Planung aktueller Vorgaben** herangezogen werden.

Der Gedanke ist an sich nicht neu; in der einschlägigen Fachliteratur taucht die Forderung nach einer störungsunempfindlichen **Regelung der Produktionsprozesse** in verschiedenen Jahrgängen – unterschiedlich ausgeprägt – immer wieder auf: [DROS 65, BRAN 68, ARPI 77, SPUR 77+81, ZÄPF 82+89, SCHF 84, BERN 86, BÖRN 86+88a, MAZU 86, HELB 87, GEIT 87, KANG 87, SANJ 87, WIEN 87a, FÖRS 88, LUTZ 88, WILD 88, ENGE 89, SCHG 89, WARN 89, EVER 90, HAHN 90, INTE 90, WECK 90]. Die meisten Autoren beschränken sich jedoch auf den relativ globalen Hinweis, daß über die automatische **Rückkopplung von Informationen** aus der laufenden Produktion in verschiedene, z.T. hierarchisch gegliederte EDV-Systeme eine **flexible Regelung der Produktion** und damit insgesamt eine geringere **Störungsempfindlichkeit** erreicht werden könnte (Bild 1-7).

Bedingt durch den sich verschärfenden Zeit- und Kostendruck in der Produktion, ist besonders in den letzten Jahren eine **deutliche Zunahme der Aktivitäten** auf diesem Gebiet zu verzeichnen [LUTZ 87, VWPR 89, MILB 91b, FORS 91, WILD 91]. Trotzdem finden sich bisher **keine ausreichenden**

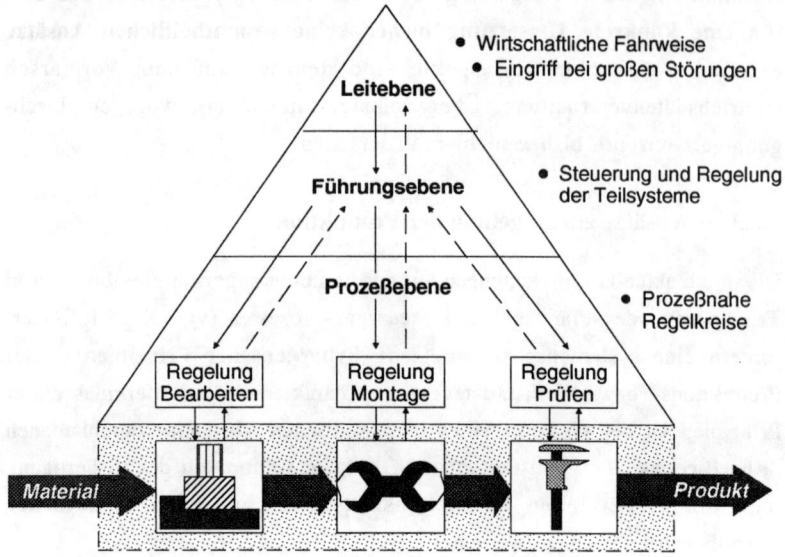

Bild 1-7: Regelung von Produktionsprozessen [nach BÖRN 86]

analytischen sowie **kaum ganzheitliche oder anwendungsbezogene Ansätze**, die als Grundlage für eine **durchgängige Realisierung** dienen können.

Eine Reihe von Arbeiten befaßt sich genauer mit einzelnen **Teilaspekten der Produktionsregelung**:

- flexible Planung,
- situationsangepaßte Steuerung,
- Überwachung und Kontrolle,
- statistische Auswertung und Analyse sowie
- intelligentes Störungsmanagement.

Weil eine vollständige Schilderung aller existierenden Forschungsarbeiten, die jeweils auch nur einen Aspekt aus dem relativ breiten und interdisziplinären

Gebiet dieser Arbeit behandeln, aus Platzgründen ausscheidet, soll im folgenden lediglich auf die wichtigsten neueren Ansätze kurz eingegangen werden:

- Mertins entwickelt das Konzept einer "**kompetenzorientierten, strategischen Werkstattsteuerung**", das sich auf eine prozeßnahe Disposition stützt und den aktuellen Arbeitsfortschritt sowie die Betriebsmittelbelastung berücksichtigt. Informationen können auf mehreren Farbbildschirmen graphisch dargestellt werden; das System speichert Informationen über den aktuellen Zustand der Fertigung sowie über künftige Aufgaben (Pläne) und stellt sie überschaubar aufbereitet wieder zur Verfügung. Material- und Kapazitätsplanung können mit stufenweiser Detaillierung simultan durchgeführt werden. Eine Strukturierung in **überlagerten organisatorischen Regelkreisen** mit unterschiedlichen Zeithorizonten wird vorgeschlagen [MERI 85+90].

- Baitella schläg vor, die aus der Betriebsdatenerfassung kommenden **detaillierten Informationen besser auszuwerten**, um so Ursachen von im Produktionssystem festgestellten Unzulänglichkeiten schneller diagnostizieren und beseitigen zu können. Auf diese Weise soll ein aktionsorientiertes Produktionsmanagement sowie eine flexible Produktionsplanung und -steuerung realisiert werden. Das **Produktionsmanagement** faßt Baitella in einem kybernetischen Ansatz **als Regler** auf, der in mehreren Phasen (Planung, Entscheidung, Anordnung und Kontrolle) arbeitet [BAIT 87].

- Huber stellt ein flexibles wissensbasiertes **Produktionskontrollsystem zur Unterstützung der täglichen operativen Feinplanung** für eine Montagelinie vor, das dem Fertigungssteuerer (Meister) als Hilfsmittel zur Entscheidungsunterstützung bei der Reihenfolgebildung dienen und einen optimalen Überblick über die Produktion gewährleisten soll. Das Modul gliedert sich in **Planungs-, Überwachungs- und modellbasierte Simulationskomponente**. Mit dem entwickelten Werkzeug können mittels Beschränkungsnetzen [vgl. FOX 87] die auf den Planungsprozeß einwirkenden Restriktionen einheitlich repräsentiert und verarbeitet werden [HUBE 86,90+90a; s.a. FRÜC 87, MEYE 87].

• Dangelmaier fordert eine **gesamtheitliche Betrachtung des Fertigungs-prozesses** sowie die Umsetzung des **Just-in-Time-Gedankens in CIM-Systemen** über eine **flexible, ereignisorientierte Auftragssteuerung**, die sich eng am Fertigungsprozeß orientiert und quasi online auf Plan-abweichungen oder Störungen reagiert. Die Arbeitsweise von Fertigungs-steuerungssystemen wird systematisch in **mehrere Schritte** aufgegliedert: Bewertung von Störmeldungen, Bereitstellung von Daten für die Fort-setzung der Arbeiten, Zwischenspeichern des nächsten Ereigniszeitpunkts, ggf. Meldung an eine übergeordnete Ebene, teilweise Aktualisierung des Planungshorizonts, ggf. Vorgabe an eine untergeordnete Ebene, voll-ständige Aktualisierung des Planungshorizonts. Das Konzept soll **schnelle Reaktionen** bei auftretenden Störungen sicherstellen und gleichzeitig bestehende **zeitliche Spielräume für Planaktualisierungen nutzbar** machen [DANG 86,88,90+90a].

• Thome entwickelt ein **Regelkreismodell für die "Intensitätssteuerung des Produktionsfaktoreinsatzes"**, das auf der Basis der vom PPS-System kommenden Vorgaben in Verbindung mit einem Plankostenrechnungs-modell den optimalen Produktionsfaktoreinsatz errechnet. Mit Hilfe eines **Simulationsmodells** wird anschließend die genaue Ablaufplanung durch-geführt. Thome erreicht mit dieser Methode eine Reduzierung der Durch-laufzeit um ca. 20% bei minimalem Lagerbestand, hohem Maschinen-nutzungsgrad und deutlicher Kosteneinsparung [THOM 90].

• Foldenauer schlägt ein wissensbasiertes System vor, das auf der Basis gemessener Zeiten und Mengen die **Analyse des Fertigungsflusses von Fließlinien** ermöglicht und eine Verbindung zwischen der Instandhaltung sowie der Produktionsplanung herstellt. Das System zieht aufgrund der gemessenen Werte Schlüsse und stellt die Ergebnisse in Form von Diagrammen dar; **Zeit- und Mengenabweichungen** werden somit an-schaulich aufgezeigt [FOLD 90].

• Kupec entwickelt ein **wissensbasiertes Leitsystem für flexible Fertigungsanlagen**, das auch automatische Transport- und Handhabungs-vorgänge in seine auf Vorgangsknotennetzen aufbauende Feinplanung miteinbeziehen kann. Auftretenden Störungen kann über vorbereitete **Störungsnetze** begegnet werden. Dem **Gedanken der Fertigungsregelung** wird hier in zweifacher Weise Rechnung getragen: Mittels heuristischer Verfahren wird erstens **flexibler, präziser und umfassender geplant** und es werden zweitens **störungsbedingte Umplanungen** in geeigneter Weise unterstützt [KUPE 91].

Die wohl bekanntesten und bereits seit mehreren Jahren erfolgreich in der Praxis eingesetzten Regelungsansätze bilden die **Belastungsorientierte Auftragsfreigabe** (BOA) [WIEN 87,87a+89] sowie die daraus abgeleitete **Bestandsgeregelte Durchflußsteuerung** (BGD) [BUSC 87,89+90]. Mit der Belastungsorientierten Auftragsfreigabe wird über die **Regelung der Auftragsbestände vor (bei BGD nach) allen Arbeitsstationen** einer Werkstatt insgesamt eine sehr gleichmäßige Durchlaufzeit erreicht (Bild 1-8).

Auf eine detailliertere Vorstellung der Verfahren BOA und BGD muß an dieser Stelle verzichtet werden, da sich die vorliegende Arbeit nicht direkt mit Methoden der Werkstatsteuerung beschäftigt [vgl. WIEN 87, BUSC 89]. Stattdessen sollen noch einige weiterführende Ansätze kurz vorgestellt werden, welche zur **Ergänzung und Erweiterung der belastungsorientierten Fertigungssteuerung** entwickelt wurden und die Bezug zu dieser Arbeit haben:

- Holzkämper wendet den aus der Verfahrenstechnik stammenden Ansatz einer Überwachung und Regelung von Produktionsprozessen mittels Leitwarten [s.a. AHRN 87+87a, SOLT 89, POLK 89, FERN 90] auf Fertigungsabläufe an und entwickelt darauf aufbauend ein **kennzahlenorientiertes Kontroll- und Diagnosesystem**, das sich an Kenngrößen der Belastungsorientierten Auftragsfreigabe (Durchlaufdiagramm) orientiert. Mit der organisatorischen Einbindung des Kontroll- und Diagnosesystems in den Ablauf der Fertigungssteuerung soll der "**informatorische Regelkreis Fertigungssteuerung**" geschlossen werden, indem mit Hilfe einer kapazitätsbezogenen Überwachung des Fertigungsablaufs realistische Vorgaben erzeugt und die Datenqualität überprüft werden kann [HOLZ 84+87].

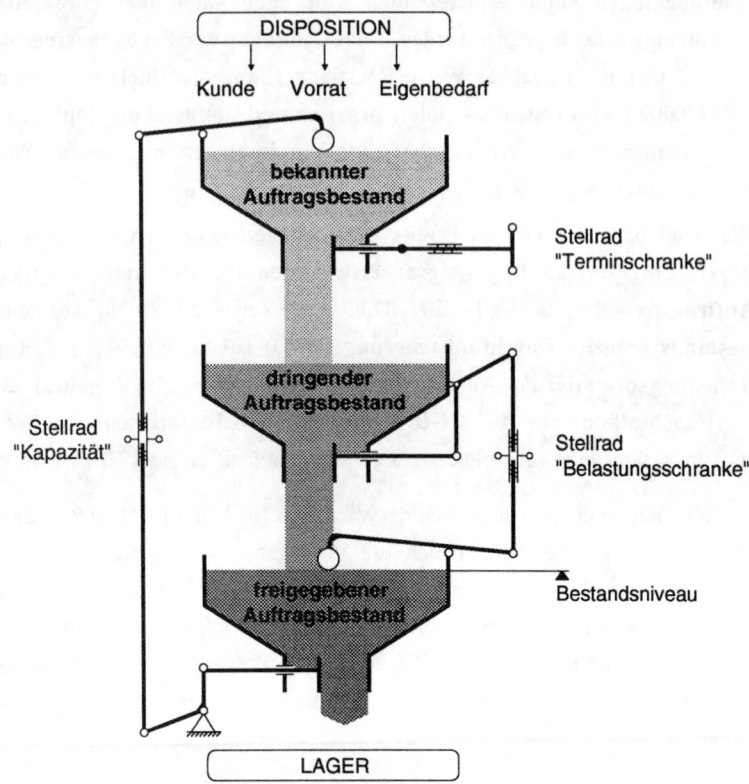

*Bild 1-8: Regleranalogie und Trichtermodell der Belastungsorientierten Auf-
tragsfreigabe [nach WIEN 87a]*

- Dombrowski überträgt Methoden aus dem Bereich der Qualitätssicherung
auf die Fertigungsterminplanung und -steuerung [s.a. BEIE 89]. Zur
Verbesserung der Datenqualität für Fertigungssteuerungszwecke entwickelt er ein **Qualitätssicherungssystem für Betriebsdaten**. In Anlehnung an Qualitätsregelkarten wird eine **Terminregelkarte** mit Warn- und
Eingriffsgrenzen für noch zulässige **Terminabweichungen** definiert
[DOMB 88].

- Ludwig schlägt ein **Expertensystem zur Fertigungsablaufdiagnose** vor, mit dem eine regelmäßige und gründliche Auswertung von Fertigungsablaufdaten möglich wird. Dieses wissensbasierte Werkzeug soll den Fertigungssteuerer auf wesentliche Problempunkte aufmerksam machen und auf der Basis eines internen Modells der Anlage **Maßnahmen zur Behebung von Schwachstellen** aufzeigen [LUDW 89,90+91].

- Von Wedemeyer entwickelt für die belastungsorientierte Fertigungssteuerung in einem ganzheitlichen Ansatz ein **PPS-Controlling-System**, das die Funktionen Führen, Planen, Steuern, Bewerten und Ableiten von Stellgrößen integriert. Ein aus mehreren Einzelgrößen **zusammengesetztes Zielgrößensystem**, dessen Parameter aus dem Trichtermodell abgeleitet werden, wird als **Zielfunktion zur Optimierung** der Fertigungssteuerung herangezogen. Als zentrales Modul wird ein "periodisch-statisches, deterministisches Simulationssystem" zur Entscheidungsunterstützung vorgestellt, anhand dessen die Vorgaben der Fertigungssteuerung iterativ optimiert werden können [WEDE 89].

- Nyhuis arbeitet an einem **System zur Fertigungsablaufanalyse und -statistik**, das als universelles Analyse- und Planungshilfsmittel gedacht ist und durch die Eröhung der Transparenz bei der Auftragsabwicklung die Voraussetzungen für eine **Regelung des Auftragsdurchlaufs** im Fertigungsbereich schafft. Mit dem System sollen anhand von tabellarisch und grafisch aufbereiteten Betriebsdaten der Auftragsbestand analysiert sowie Stärken und Schwächen von Auftragseinlastung und -durchführung aufgezeigt werden. Es ermöglicht Plan-/Ist-Vergleiche sowie Ergebniskontrollen, unterstützt die systematische Ableitung von Maßnahmen zur Schwachstellenbeseitigung und bildet als "**Frühwarnsystem**" die Basis für eine **regelnde Optimierung der Auftragsabwicklung in der Fertigung** (Bild 1-9) [NYHU 89+89a].

Alle angesprochenen Arbeiten leisten einen wichtigen Beitrag zur Realisierung einer zeitnah regelnden Arbeitsweise bei der Produktions- bzw. Fertigungssteuerung, indem jeweils durch **neuartige Konzepte, flexible Verfahren** oder **graphikfähige EDV-Systeme** die Produktionsregelung vorangetrieben wird.

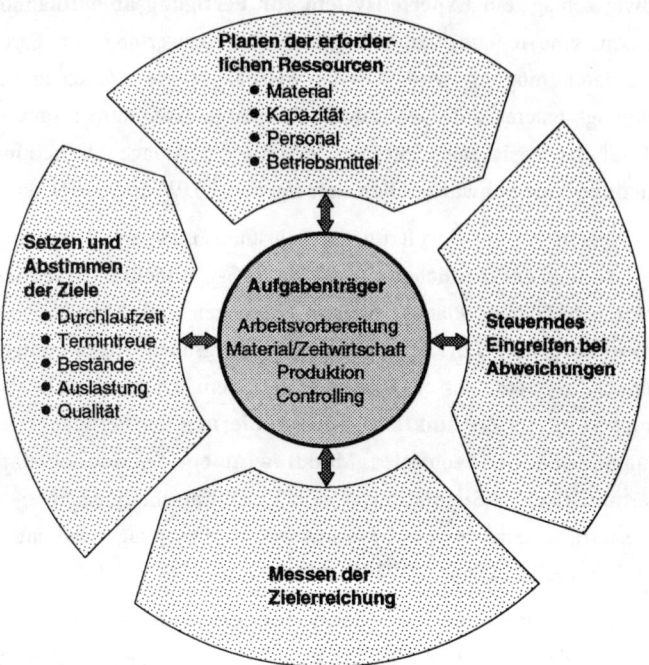

Bild 1-9: Regelkreis der Fertigungsauftragsabwicklung [nach NYHU 89]

Die meisten Ansätze sind jedoch auf eine **bestimmte Produktionsstruktur** (Werkstattfertigung, flexible Fertigung) oder ein spezielles **Fertigungssteuerungs- bzw. Auftragsfreigabeverfahren** zugeschnitten. Außerdem werden meist Konzepte oder Einzelsysteme vorgestellt, die sich auf einen **Teilbereich** aus dem weiter oben genannten Spektrum möglicher Produktionsregelungsansätze konzentrieren.

Offen bleibt deshalb die Forderung nach einem **gesamtheitlichen** und auf verschiedene Arten von Produktionsprozessen **übertragbaren** Ansatz, der gleichzeitig **anwendungsorientiert** ist und als Grundlage für eine **stufenweise Realisierung** der Produktionsregelung dienen kann.

1.3   Ziele und Aufbau der Arbeit

Die vorliegende Arbeit versucht dieser Forderung Rechnung zu tragen. Sie liefert einen anwendungsorientierten Beitrag zur Entwicklung **flexibler, im Rechnernetz verteilbarer PPS- und Leitsysteme**, welche die **Entscheidungsfindung** und damit die angesprochene regelnde Arbeitsweise in geeigneter Weise unterstützen.

Das Ziel der Arbeit ist es, einen **Weg zur Entwicklung von rechnergestützten Systemkomponenten** aufzuzeigen, mit deren Hilfe die schritthaltende Regelung des Auftragsdurchlaufs während einer laufenden Produktion möglich wird (Bild 1-10).

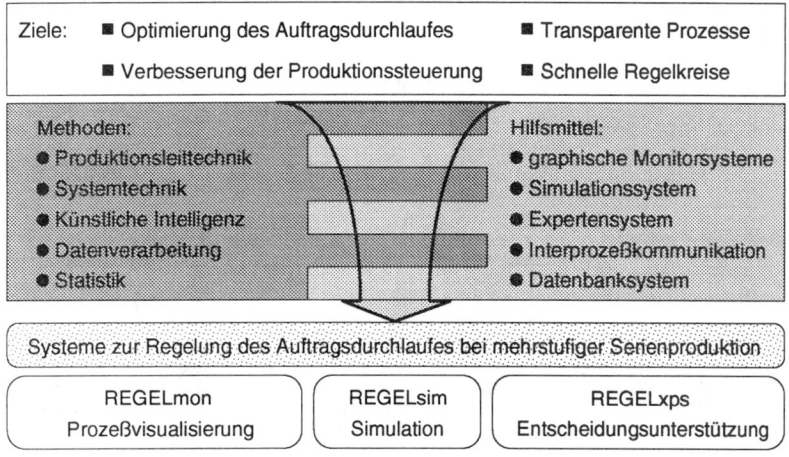

Bild 1-10: Zielsetzung und methodische Hilfsmittel

Das Hauptaugenmerk liegt dabei weniger auf der Erweiterung der **Standardfunktionalität** von PPS- oder Fertigungssteuerungssystemen (Vorausplanung, Ressourcenverteilung, Datenintegration etc.), sondern vielmehr auf der Entwicklung zusätzlicher EDV-Komponenten zur **systematischen kurzfristigen Entscheidungsunterstützung während der Auftragsabwicklung** in Fertigung und Montage.

Solche Komponenten können – wie in den folgenden Kapiteln noch gezeigt werden wird – mittels graphischer **Visualisierung**, modellbasierter **Simulation** sowie wissensbasierter **Diagnose und Planung** die Produktions- bzw. Fertigungssteuerung zur Regelung erweitern.

Die vorliegende Arbeit stellt die unterschiedlichen Aspekte der Produktions-regelung in einem **ganzheitlichen Ansatz** vor und entwickelt darauf aufbauend das **Konzept** eines aus im Rechnernetz verteilbaren Einzelkomponenten zusammengesetzten **Systems zur Entscheidungsunterstützung**, das auf mehrstufige Serienproduktion zugeschnitten ist.

Diese Arbeit zielt dabei vor allem auf die **Übertragbarkeit** des Konzepts auf unterschiedliche heterogene Produktionsstrukturen und EDV-Landschaften, auf großen **Anwendungsbezug** und leichte **Realisierbarkeit** sowie auf die **Unabhängigkeit** von bestimmten Auftragssteuerungsverfahren ab.

Bild 1-11 zeigt die Schwerpunkte und den Aufbau der Arbeit.

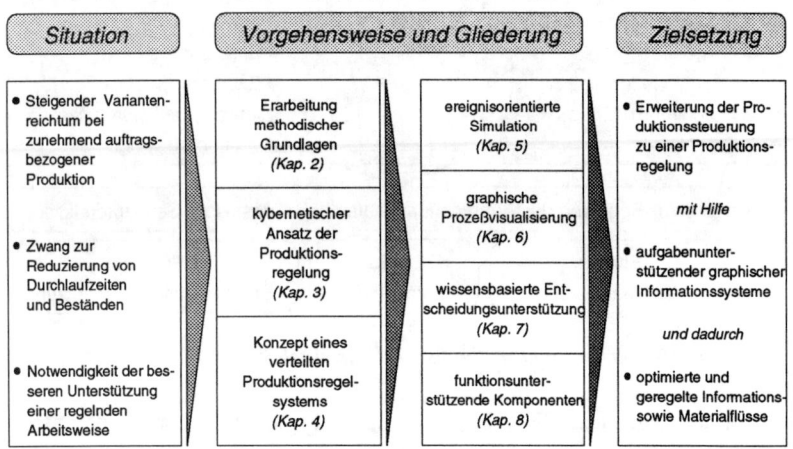

Bild 1-11: Vorgehensweise und Aufbau der Arbeit

Ausgehend von den in diesem Kapitel behandelten neueren Entwicklungen im Bereich der Produktionsleittechnik, werden in Kapitel 2 die **wesentlichsten**

methodischen Grundlagen aus unterschiedlichen Fachgebieten kurz vorgestellt. Gleichzeitig findet dort eine **Einordnung der Arbeit** innerhalb der einzelnen Gebiete statt, und der als Beispiel für die Realisierung des Produktionsregelsystems dienende **mehrstufige Serienproduktionsprozeß** wird angesprochen.

Ein **kybernetischer Ansatz für die Regelung der Produktion** wird in Kapitel 3 entwickelt. Der Ansatz beinhaltet eine Definition für den Begriff "**Produktionsregelung**". Darauf aufbauend wird in Kapitel 4 das **Konzept des verteilten Produktionsregelsystems** erklärt, dessen Komponenten im Rahmen dieser Arbeit exemplarisch realisiert worden sind.

Die darauf folgenden Kapitel 5 mit 7 gehen genauer auf die konzeptionellen Überlegungen ein, welche den **Einzelkomponenten des Produktionsregelsystems** zugrundeliegen:

- Der Ansatz einer **ereignisorientierten, modellbasierten Simulation von Information und Materialfluß** wird in Kapitel 5 vorgestellt.

- Kapitel 6 befaßt sich mit **graphischen Überwachungshilfsmitteln**, die einen Überblick über den Produktionsfortschritt vermitteln.

- Wie ein **wissensbasiertes Expertensystem zur Entscheidungsunterstützung** eingesetzt werden kann, wird in Kapitel 7 aufgezeigt.

Die **Integration und das Zusammenwirken** der verteilten Einzelkomponenten des Produktionsregelsystems behandelt Kapitel 8. Es werden diejenigen Module vorgestellt, die ein Funktionieren des Gesamtsystems erst möglich machen, ohne jedoch für einen Benutzer direkt sichtbar zu sein. Diese notwendigen **Basismodule** sind ebenfalls im Rahmen dieser Arbeit realisiert worden.

Kapitel 9 faßt die gesetzten Schwerpunkte zusammen und enthält einen kurzen Ausblick.

2 Einordnung und methodische Grundlagen

Kapitel 2 stellt die wesentlichsten methodischen Grundlagen dieser Arbeit vor. Aus den Bereichen Maschinenbau, Systemtheorie und Informatik werden jeweils einige Teilgebiete kurz erläutert. Auf ihre Bedeutung im Rahmen der Arbeit wird hingewiesen und deren Einordnung innerhalb der verschiedenen Gebiete erklärt. Außerdem wird in diesem Kapitel die Produktionslinie angesprochen, für die exemplarisch ein Produktionsregelsystem entwickelt wurde (s.a. Kapitel 4 ff.).

2.1 Produktionsleittechnik

2.1.1 Aufgaben und Ziele im Umfeld der Produktion

Der Produktionsleittechnik fällt im Rahmen der Kundenauftragsabwicklung in einem Unternehmen die Aufgabe zu, die termin- und mengengerechte Herstellung bestellter Produkte gemäß den Kundenanforderungen sowie den Zielvorgaben des Managements sicherzustellen (Bild 2-1).

Die Gewichtung der einzelnen Teilziele hat sich im Lauf der Zeit gewandelt. Bei auftragsbezogener Serienproduktion stehen heute i.d.R. folgende **Ziele** im Vordergrund:

1. hohe **Termintreue** und Lieferbereitschaft

2. kurze und gleichbleibende **Auftragsdurchlaufzeiten**

3. niedrige **Umlaufbestände** und Kapitalbindung

4. gleichmäßig hohe **Kapazitätsauslastung**

Diese teilweise **konkurrierenden Ziele** werden in der angegebenen Reihenfolge gewichtet und bei der Planung und Steuerung von Produktionsabläufen berücksichtigt. Die **Gewichtung** dient bei auftretenden Zielkonflikten zur Auflösung und ermöglicht so die Definition einer **Zielfunktion**. Auf der Basis

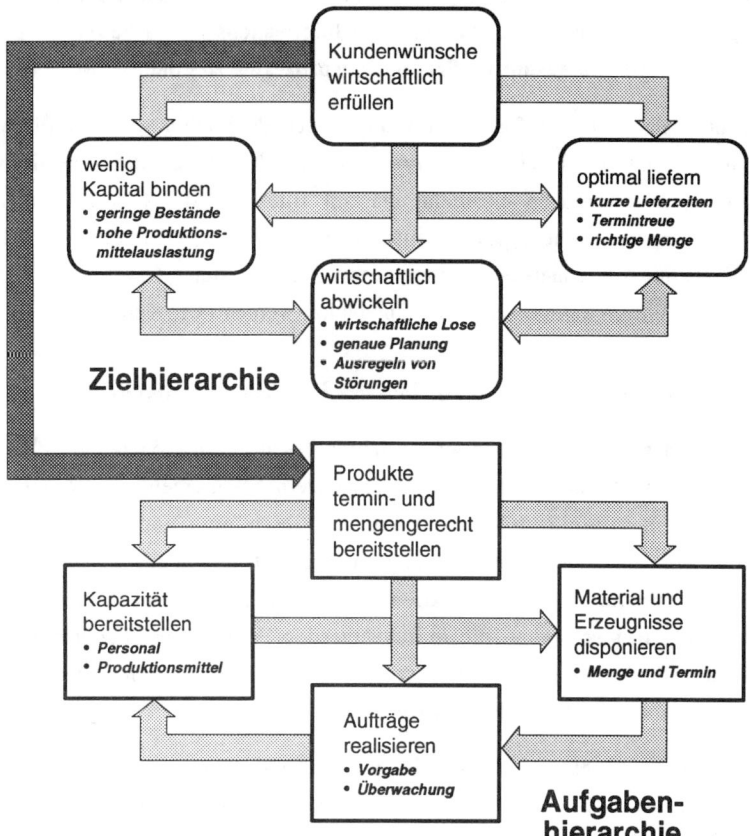

Bild 2-1: Ziel- und Aufgabenhierarchie im Produktionsbereich [nach SAIN 83]

dieser Zielfunktion soll die Produktionsleittechnik für die gesamte Produktionsabwicklung ein **wirtschaftliches Optimum** finden und durchsetzen. Während früher eine isolierte Betrachtung und Optimierung einzelner Teilbereiche vorherrschte, setzt sich mittlerweile zunehmend eine **gesamtheitliche Betrachtung** aller an der Produktion beteiligten Bereiche durch.

Dieses angestrebte "globale" Optimum kann jedoch nur erreicht werden, wenn es gelingt, Stockungen im Material- und Informationsfluß zu beseitigen und den **Fließgrad des gesamten Produktionsprozesses** zu erhöhen [MILB 91].

Damit Material und Information während der Produktion wirklich fließen können, muß die Produktionsleittechnik **schritthaltend und situationsbezogen** alle Vorgaben ermitteln und mit Blick auf das Gesamtoptimum laufend anpassen. Diese **permanente Optimierung** kann mit den Möglichkeiten heutiger Rechnersysteme und -netze (Rechenleistung, Graphikfähigkeit) bewältigt und in geeigneter Weise unterstützt werden (s.a. Kap. 3.5).

2.1.2   Einordnung und Aufgaben der Produktionsleittechnik

CIM-Konzepte haben in den letzten Jahren besonders in größeren, aber auch in vielen mittelständischen und kleineren Unternehmen erhebliche Bedeutung erlangt. Im Umfeld der Produktion existieren eine ganze Reihe von Aufgabenkomplexen, die mit rechnergestützten Hilfsmitteln unterstützt werden können. Für die einzelnen Funktionsblöcke sind jeweils eine Vielzahl von EDV-Systemen verfügbar, die in zunehmendem Maße auch über integrierte Datenbestände (Datenbanken) oder spezielle Schnittstellen miteinander verbunden werden können [MILB 90].

Der **Organisationstyp** der Produktion (Werkstatt-/Gruppen-/Fließfertigung), die **Komplexität** des Herstellungsprozesses (Fertigungstiefe) sowie die **Wiederholhäufigkeit** innerhalb des Produktspektrums (Einzel-/Serien-/Massenfertigung) haben dabei einen wesentlichen Einfluß auf die Auswahl und Organisation der verwendeten Rechnerhilfsmittel.

Während z.B. bei einer kundenspezifischen Werkstattfertigung sehr komplexer Produkte neben der eigentlichen Produktion meist auch Konstruktion, Arbeitsplanung und Teile der Materialbeschaffung **innerhalb der Auftragsdurchlaufzeit** erledigt werden müssen, können diese Aufgaben bei einfachen Serienprodukten häufig bereits **im Vorfeld** abgewickelt werden. Aufgrund der unterschiedlichen Anforderungen an die Rechnersysteme im Produktionsumfeld ergeben sich also meist **unternehmensspezifische CIM-Konzepte**, für deren Funktionsblöcke (PPS, CAM, CAQ etc. [vgl. AWF 85]) eigen-entwickelte Individuallösungen oder gängige Standardapplikationen zum Einsatz kommen [vgl. WALD 90, SANK 86+88].

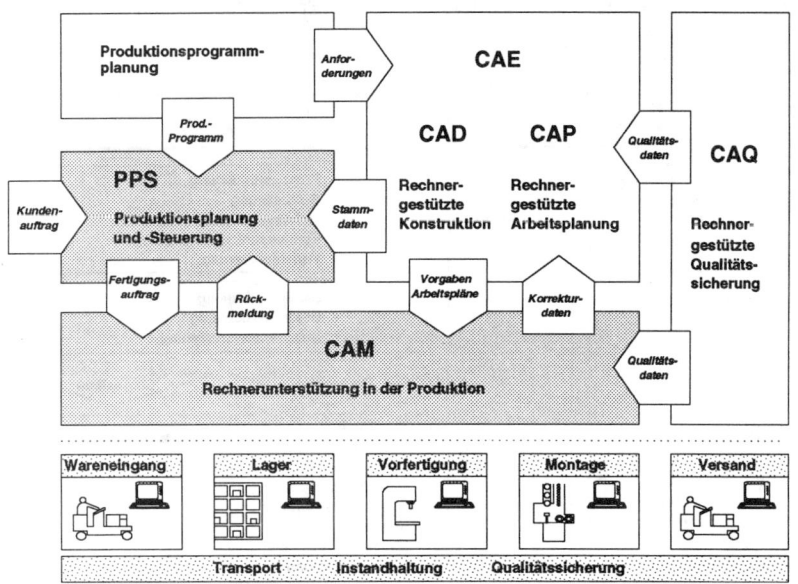

Bild 2-2: Stellung von PPS und CAM im Rahmen eines CIM-Konzepts [nach SIEMENS]

Bild 2-2 zeigt den Aufbau eines eher auf mehrstufige Serienproduktion zugeschnittenen **CIM-Konzepts**. Die Produkt- und Produktionsprogramm-planung sowie Konstruktion und Arbeitsplanung stellen – vor Anlauf einer Serie – die benötigten Grunddaten, Ausgangsmaterialien und Arbeitsunterlagen (Stücklisten, Arbeitspläne, NC-Programme etc.) zur Verfügung.

Während der Vorbereitung der Produktionsabwicklung wird ein Abgleich des Produktionsprogramms (prognostizierte Stückzahlen für einzelne Varianten) mit den tatsächlich eingegangenen Kundenaufträgen vorgenommen. Die **Produktionsplanung und -steuerung** führt diesen Abgleich durch, generiert entsprechende Produktionsaufträge, berechnet grob die Ecktermine (z.B. Auftragsstart- und -fertigstellungstermin) und reserviert das benötigte Material [vgl. HELB 87, HACK 89]. Die eigentliche Umsetzung dieser Vorgaben bzw. die Abwicklung der Produktion übernimmt dann der **CAM-Bereich**, in dem z.B. Fertigungsleitsysteme, Zellenrechner und Prozeßsteuerungen anzusiedeln sind [s.a. GEIT 88,88a+90].

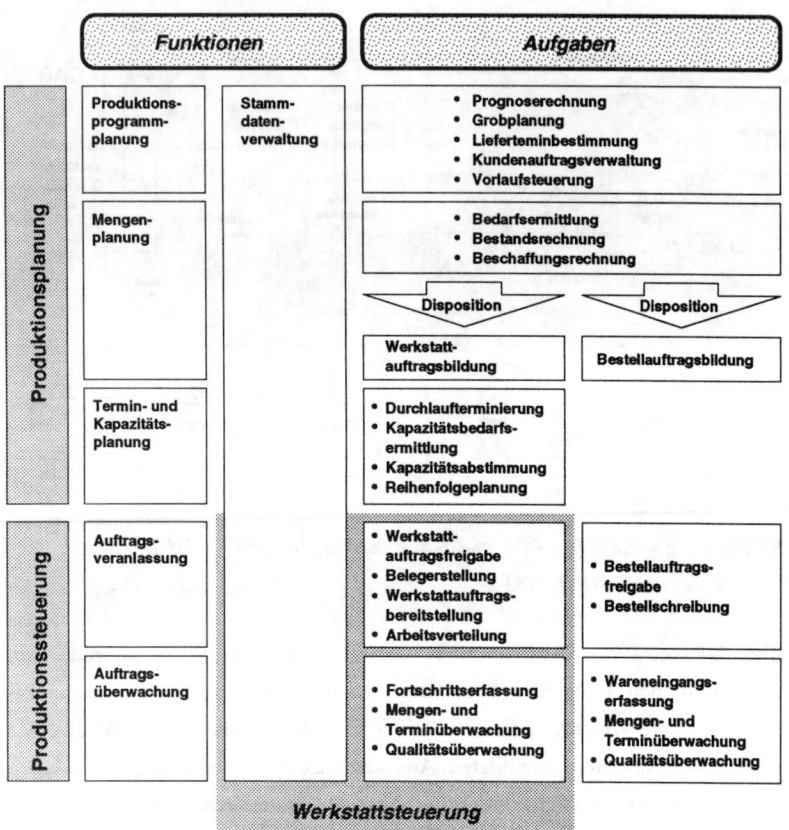

Bild 2-3: Funktionen der Produktionsplanung und -steuerung [HACK 89]

Bild 2-3 schlüsselt die **Funktionen und Aufgaben der Produktionsplanung und -steuerung** genauer auf. Neben den Funktionsblöcken Produktionsprogrammplanung, Mengenplanung, Termin- und Kapazitätsplanung sowie Auftragsveranlassung und Auftragsüberwachung ist hier auch die Stammdatenverwaltung als Querschnittsfunktion mit aufgenommen.

Während heutige PPS-Systeme vor allem den **planenden Bereich** angemessen unterstützen, etablieren sich die **Produktions- und Werkstattsteuerung** zunehmend als eigenständiger Funktionskomplex (vgl. Kap. 1.2.1).

Nach [VDI 83] sind die **Aufgaben der Produktions- bzw. Fertigungssteuerung** das

- **Veranlassen,**
- **Überwachen** und
- **Sichern**

der Ausführung von Produktions- bzw. Fertigungsaufträgen hinsichtlich Bedarf (Menge, Termin) sowie Qualität, Kosten und Arbeitsbedingungen.

Die **Aufgaben der Produktionssteuerung** überlappen mit den – eigentlich im CAM-Bereich angesiedelten – Aufgaben während der Abwicklung einzelner Aufträge in Fertigung (**Fertigungs-/Werkstattsteuerung**) und/oder Montage [s.a. REFA 85]. Zutreffender wäre es daher, in Anlehnung an die Begriffswelt der Verfahrenstechnik, den gesamten Aufgabenkomplex auch bei Stückgutprozessen geschlossen als **Produktionsleittechnik** zu bezeichnen [vgl. AHRE 90]; dieser Begriff soll deshalb in der vorliegenden Arbeit verwendet werden.

Die Arbeit konzentriert sich in diesem Bereich vor allem auf die Punkte **Überwachen und Sichern der Auftragsabwicklung**; diese Aufgaben werden von heutigen Softwaresystemen oft nur unzureichend unterstützt.

2.1.3 Strukturierung der Informationsverarbeitung

Neben der Aufgliederung in rechnerunterstützte Funktionsblöcke setzt sich im Produktionsumfeld immer stärker eine **hierarchische Strukturierung** und Vernetzung der informationsverarbeitenden Systeme durch. Diese Gliederung verspricht eine bessere **Entkopplung der Einzelsysteme**, vermeidet informationstechnische Überlastung und erhöht so die **Gesamtverfügbarkeit** [LUTZ 88] (s.a. Kap. 3.2.1).

In der Literatur werden verschiedene **Ebenenmodelle für die Informationsverarbeitung im Produktionsumfeld** diskutiert [SANK 86+88, OTTA 87, SCHG 89, AHRE 90]. Die Vorschläge unterscheiden sich in Anzahl und Definition der vorgeschlagenen Hierarchieebenen.

Gliederungskriterien der Produktionsleittechnik			
qualitativ	**funktional**	**zeitlich**	**systemisch**
strategisch	Untenehmens-leitebene	langfristig Wochen/Monate	Fabrik-, Produktplanung
dispositiv	Produktions-leitebene	mittelfristig Schichten/Tage	PPS-Systeme, Logistikleitsysteme
operativ	Bereichs-leitebene	kurzfristig Minuten/Stunden	Leitstände, Zellenrechner
prozessual	Ausführungs-ebene	real-time Millisek./Sekunden	Prozeßrechner, Steuerungen

Bild 2-4: Ebenenmodell der Informationsverarbeitung im Produktionsumfeld

Bild 2-4 zeigt eine Strukturierung nach unterschiedlichen Kriterien auf vier Ebenen. Dieses aus [SANK 86 und AHRE 90] abgeleitete Ebenenmodell soll als **Referenzmodell für diese Arbeit** dienen. Die Inhalte der vorliegenden Arbeit sind in diesem Modell auf der **Produktions- und Bereichsleitebene** angesiedelt, wo **dispositive und operative Entscheidungen mit mittel- bis kurzfristigem Zeithorizont** getroffen werden (Auftragsabwicklung in der Produktion).

Einen anderen Strukturierungsansatz mit dem Ziel einer Standardisierung stellt das sog. **CIM-OSA-Modell** dar, das fünf funktionale Ebenen enthält, die jeweils in sich weiter hierarchisch unterteilt sein können [OTTA 87]:

- Planungsebene,
- Leitebene,
- Zellenebene,
- Steuerungsebene und
- Aktor-/Sensorebene.

In diesem Modell ist die vorliegende Arbeit auf der **Leitebene** einzuordnen, welche in **Produktions- und Bereichsleitebene** weiter untergliedert wird.

2.1.4 Beispiel einer mehrstufigen Produktionslinie

Bei dem im Rahmen der vorliegenden Arbeit beispielhaft betrachteten Produktionsprozeß handelt es sich um eine **mehrstufige Serienproduktionslinie** aus einem Werk, das Fernsprechendgeräte herstellt. Auf dieser Produktionslinie werden jährlich ungefähr 600.000 **Telefone verschiedener Produktlinien und Varianten** hergestellt. Die Durchlaufzeit beträgt gegenwärtig etwa acht Tage; in der Endmontage wird ca. alle 15 Sekunden ein Telefon fertiggestellt.

Bild 2-5 zeigt schematisiert die Struktur des Materialflusses im Umfeld der sog. Komplettlinie. An der Herstellung sind verschiedene **Bereiche** des Werks beteiligt, aus denen jeweils Materialien bzw. Module in das Endprodukt einfließen:

- In einer **Vorfertigung** werden Kapseln für Telefonhörer montiert, Kabel hergestellt und mit den länderspezifischen Steckverbindungen versehen. Hier finden sich vor allem konventionelle Handarbeitsplätze.

- Die **Kunststoffspritzerei** stellt in einer Werkstattfertigung mit Hilfe größerer Spritzgußautomaten Telefongehäuse, -hörer und alle sonstigen Kunststoffteile her.

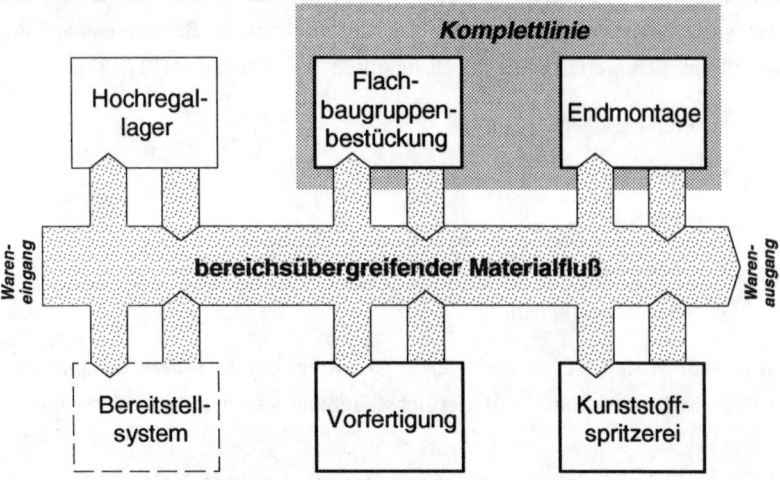

Bild 2-5: Materialfluß im Umfeld der mehrstufigen Produktionslinie

- In der **Flachbaugruppenbestückung** werden Leiterplatten unterschiedlicher Formate zum größten Teil vollautomatisch (über Roboter und Bestückautomaten) mit elektronischen Bauelementen versehen (Bild 2-6).

- Die **Endmontage** stellt aus diesen Zwischenprodukten sowie weiteren Ausgangsmaterialien über materialflußtechnisch verbundene Handarbeitsplätze das Endprodukt her.

Alle Produktionsbereiche beziehen ihr Material aus dem **Hochregallager** bzw. dem – bislang nicht ganz fertiggestellten – automatischen **Bereitstellsystem** für stapelbare Einheitsbehälter mit unterschiedlichem Fassungsvermögen (Zwischenpuffer). Die Bereiche sind innerhalb des Werksgeländes **örtlich verteilt** angeordnet. Der bereichsübergreifende Materialfluß wird zum größten Teil über sog. Gitterboxen und Gabelstapler abgewickelt. Teilweise sind auch direkte **materialflußtechnische Verbindungen** vorhanden, z.B. ein Transportband zwischen Flachbaugruppenbestückung und Endmontage.

Auffällig ist dabei die sehr **heterogene Organisation und Struktur** der einzelnen Produktionsbereiche. Während die Flachbaugruppenbestückung sehr

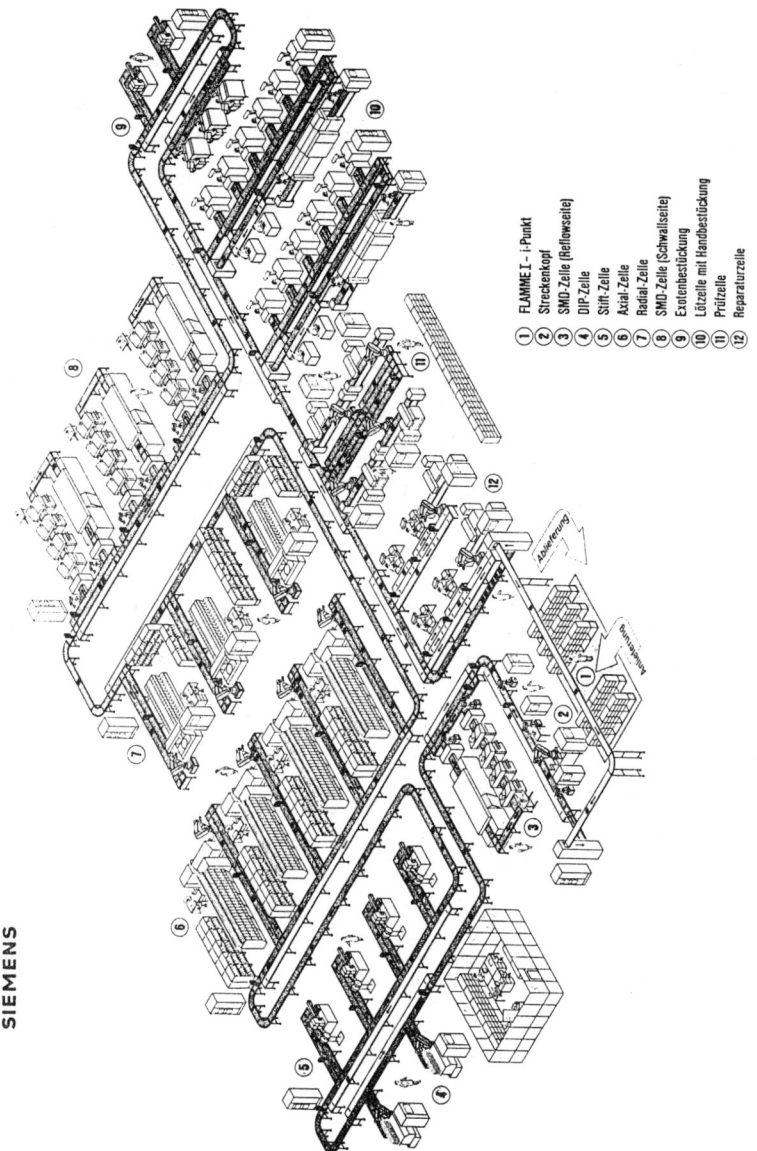

SIEMENS

FLAMME I - i-Punkt
Streckenkopf
SMD-Zelle (Reflowseite)
DIP-Zelle
Stift-Zelle
Axial-Zelle
Radial-Zelle
SMD-Zelle (Schwallseite)
Exotenbestückung
Lötzelle mit Handbestückung
Prüfzelle
Reparaturzelle

Bild 2-6: Flexibel automatisierte Flachbaugruppenbestückung
[SIEMENS K AR]

hoch automatisiert, flexibel auf möglichst "bunten" Variantenmix (niedrige Losgrößen oder vermischte Auftragseinsteuerung) ausgelegt und materialfluß-technisch voll verkettet ist (vgl. Bild 2-6), finden sich in Vorfertigung und Endmontage **Handarbeitsplätze**, die teilweise über Transportbänder ver-bunden sind. Entsprechend sind dort auch die Anforderungen an die Auftrags-einsteuerung andere: um Umrüstaufwand zu vermeiden, werden in der End-montage nach Möglichkeit alle gleichartigen Aufträge zu **größeren Losen** zusammengefaßt und komplett abgearbeitet.

Wie bei den meisten Serienproduktionen gibt es auch bei diesem Werk nicht einfach "das PPS-System", sondern die Aufgaben der Produktionsplanung und -steuerung sind **auf verschiedene Systeme verteilt**, die größtenteils **zentral organisiert** sind und **im Batch betrieben** werden (nächtliche Planungsläufe). Bild 2-7 zeigt die Verfahrensstruktur im PPS-Bereich des Werks [s.a. SANK 86+88, SHMI 86+91, BIER 87].

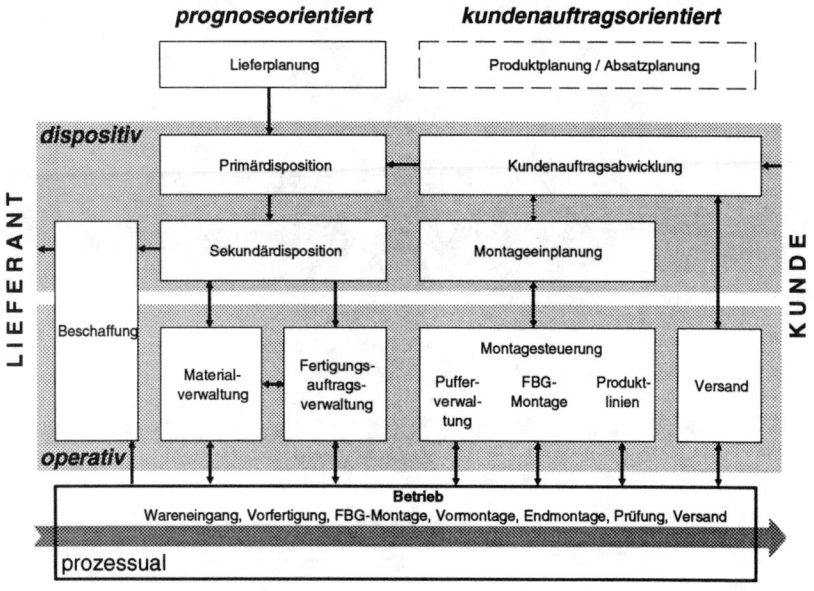

Bild 2-7: Verfahrensstruktur im PPS-Bereich eines Werks [nach SHMI 91]

Je nach Zeithorizont der zu erledigenden Aufgaben arbeiten die Systeme entweder **prognoseorientiert** (auf der Basis von Planzahlen) oder zumindest teilweise **kundenauftragsorientiert.** Zusätzlich zu diesen zentral organisierten Systemen existieren innerhalb der einzelnen Produktionsteilbereiche eigene **Leitsysteme**, die die Aufgaben der Fertigungs- oder Montagesteuerung vor Ort übernehmen; diese Systeme arbeiten **werksauftragsorientiert.**

Aus den verschiedenen Organisationsformen der einzelnen Produktions- bereiche resultieren unterschiedliche **Anforderungen an die Produktionsleit- technik**, beispielsweise bzgl. der täglichen Bildung der Auftragsscheiben. Jeder Bereich der ersten Produktionsstufe (FBG-Bestückung, Spritzguß, Vorfertigung) hat daher einen Freiraum von einigen Tagen, innerhalb dessen er sein Arbeitspensum nach lokalen Kriterien zusammenstellen kann. In der zweiten Produktionsstufe, der Endmontage, fließen die Module der ersten Stufe wieder zusammen; der Anfangstermin der Endmontage dient zur **Synchronisation**.

Auch die **Schichtmodelle** (Arbeitszeiten) in den verschiedenen Produktions- bereichen sind unterschiedlich. Weil Struktur und vor allem **Leistungsfähig- keit** (Durchsatz) der Bereiche nicht vollständig aufeinander abgestimmt sind, wird in einigen Bereichen in drei Schichten und z.T. auch am Wochenende gearbeitet (FBG-Bestückung, Spritzguß), während in anderen Bereichen ein normaler Zwei-Schicht-Betrieb ausreicht (Endmontage). Daraus ergeben sich weitere Unterschiede für die bereichsinterne Fertigungssteuerung sowie die Notwendigkeit, größere Materialmengen ggf. zwischenzuspeichern.

Für die **Produktionsregelung** stellen diese sich aus der heterogenen Zusam- mensetzung der Produktionslinie ergebenden Probleme bei der Auftrags- abwicklung das "Regelungspotential" dar (s.a. Kap. 3.3.1). Die **Koordination und Synchronisation** zusammengehörender Aufträge aus verschiedenen Produktionsbereichen ist bei einer derartigen Struktur naturgemäß schwierig und störungsanfällig.

Eine **eng an die Produktionsabläufe angelehnte, regelnde Arbeitsweise** bei der Auftragsabwicklung ist daher erforderlich [s.a. KÜHN 87,88,89+90, BALZ

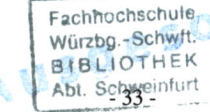

89]; jede ungenaue oder fehlerhafte Abstimmung der Bereiche führt zu Terminverzügen sowie ggf. zu hohen Umlaufbeständen und wirkt sich somit negativ auf das wirtschaftliche Ergebnis des Werks aus.

2.2 Systemtechnik und Kybernetik

2.2.1 Systemtechnische Modellbildung

Moderne technische Produktionseinrichtungen sind keine einfachen Systeme, die von einem Menschen technisch und logisch als Ganzes begreifbar und damit handhabbar sind [LIND 70]. Die Problematik liegt vor allem in:

- der Vielzahl und Komplexität der Einzelkomponenten,
- mangelnder Transparenz der Zusammenhänge und Wirkbeziehungen,
- nichtdeterministischem Systemverhalten sowie
- fehlenden Informationen und Beschreibungsmöglichkeiten.

Für die Beherrschung komplexer Systeme durch den Menschen bietet die Systemtechnik geeignete Ansätze. Eine **ganzheitliche Betrachtungsweise** und die **Strukturierung des Gesamtsystems nach verschiedenen Aspekten** (Hierarchie, Struktur, Funktion, Attribute) sind wesentliche Merkmale der Systemtechnik.

Über eine geeignete **Zerlegung** können einzelne Systemteile und Zusammenhänge isoliert betrachtet (**freigeschnitten**) und somit leichter begriffen werden [vgl. JÜNE 89, HEUS 89, HART 90]. Eine Anwendung dieser systemtechnischen Betrachtungsweise auf Produktionssysteme zeigt Bild 2-8.

Bei der **systemtechnischen Modellierung eines Produktionssystems** wird das System zunächst in seine **strukturbildenden** (permanenten, zeitüberdauernden) Elemente aufgelöst. Die einzelnen Elemente werden über **Attribute** und **Relationen** näher beschrieben.

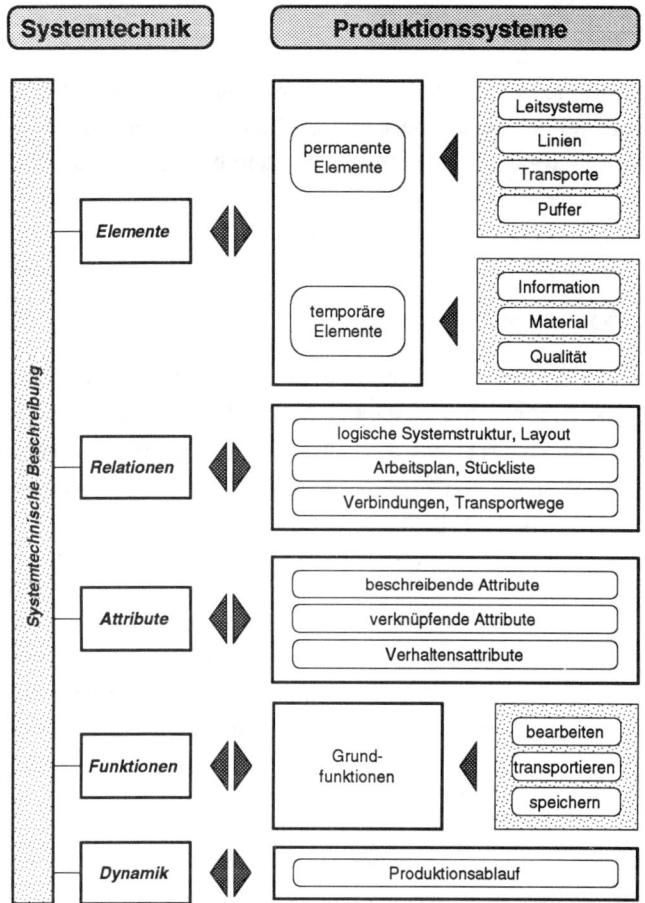

Bild 2-8: Systemtechnische Modellierung komplexer Produktionssysteme [nach BEND 87]

Neben diesen strukturbildenden, **statischen Elementen** (z.B. Objekte, Komponenten) müssen auch die temporär im System vorhandenen **dynamischen Elemente** definiert werden (z.B. Aufträge, Material). Anschließend wird die **Funktion** des Produktionssystems und seiner Komponenten anhand der Modellelemente und deren **verhaltensbeschreibenden Attribute** abgebildet.

Für die vorliegende Arbeit hat die Systemtechnik vor allem deshalb große Bedeutung, weil jede **modellbasierte Simulation** von komplexen Produktionsprozessen eine vorherige **realitätsnahe Modellbildung** voraussetzt, die neben der statischen Struktur der Anlage auch deren dynamisches Verhalten systemtechnisch beschreibt (s.a. Kap. 5.2 u. 5.3).

2.2.2 Kybernetik

Im Sinne der Systemtheorie handelt es sich bei einem Produktionsprozeß um ein **offenes, dynamisches System** [HART 90]. Mit Systemen dieses Typs beschäftigt sich eine spezielle Systemtheorie, die **Kybernetik**. Sie beschreibt diese Systeme unter **system-, regelungs- und informationstheoretischen Aspekten** [vgl. JIRA 72, OERT 77, THOE 77, BÄTG 83, SAIN 83].

Der **systemtheoretische Aspekt** vermittelt Kenntnisse über das Gesamtsystem und dessen Teile, d.h. das **Ordnungsprinzip** des Systems. Der **regelungstechnische Aspekt** sagt aus, wie man die **Stabilität** eines Systems trotz vielfältiger Störungen aufrecht erhalten kann. Der **informationstechnische Aspekt** beleuchtet die Regelung als einen **Informationsprozeß**, zu dem Aufnahme, Verarbeitung und Speicherung von Information gehören [JIRA 77].

Ein Produktionsprozeß kann zusammen mit der Hierarchie angeschlossener Informationssysteme als ein **kybernetisches System** aufgefaßt werden, das aus einer Vielzahl von **vermaschten Regelkreisen** auf unterschiedlichen Ebenen besteht (Bild 2-9). Diese **kybernetische Betrachtungsweise** ist für die vorliegende Arbeit besonders wesentlich, weil auf ihr der gesamte (in Kapitel 3 ff. vorgestellte) Ansatz der hierarchisch verteilten Produktionsregelung basiert.

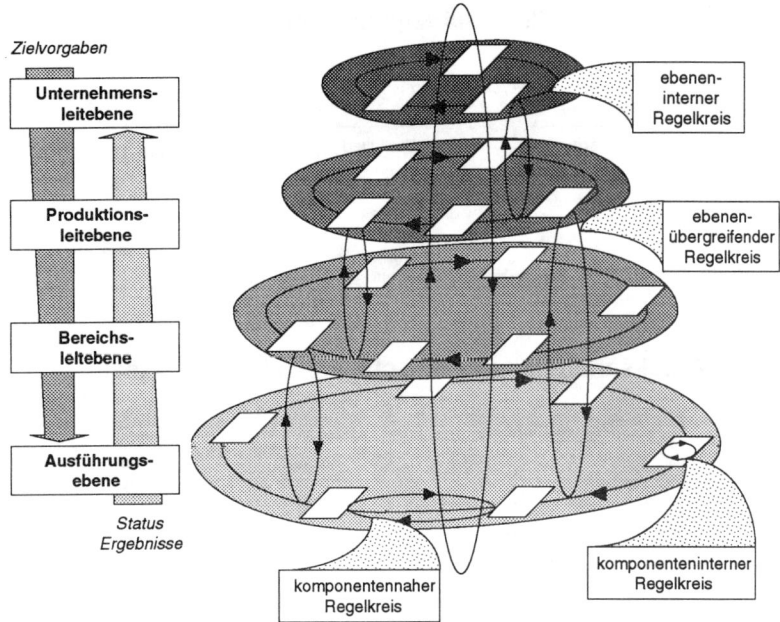

Bild 2-9: *Die Produktion als hierarchisches kybernetisches System [ange-*
lehnt an WECK 90]

2.2.3 Steuerung und Regelung

Der Vorteil einer Regelung gegenüber einer Steuerung liegt in der größeren
Störungsunempfindlichkeit geregelter Strecken (Bild 2-10).

Während eine Regelung **feedbackorientiert aktuelle Informationen aus dem
Prozeß** (Meß- bzw. Regelgrößen) mit den **Vorgaben** (Führungsgrößen) ver-
gleicht und daraus neue **Anweisungen** (Stellgrößen) für den Prozeß ableitet,
arbeitet eine Steuerung **streng vorwärtsgerichtet**, ohne aktuelle Einflüsse zu
berücksichtigen und daher ohne die Möglichkeit, auf unvorhergesehene oder
plötzlich auftauchende Ereignisse reagieren zu können [vgl. KOLB 77, SCHT
89].

Allgemeiner Blockschaltplan einer Steuerung:

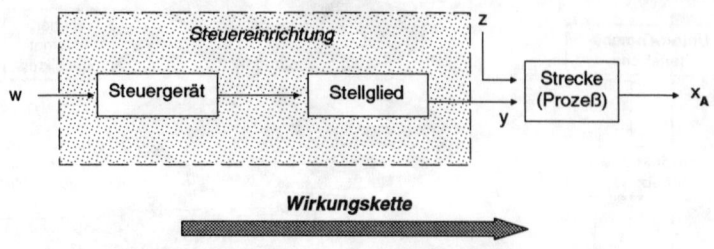

Blockschaltplan des einschleifigen Regelkreises:

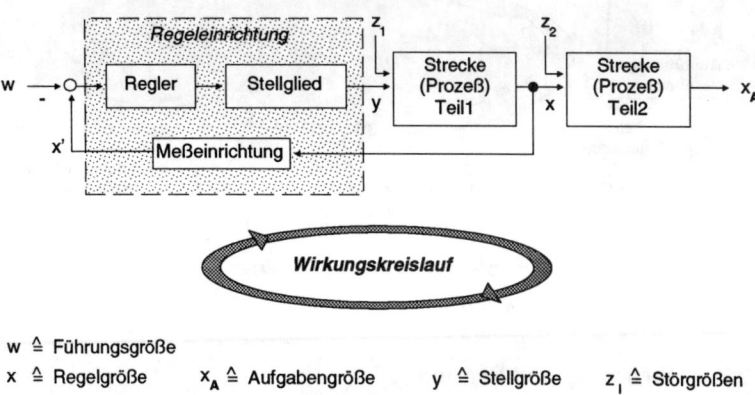

w $\triangleq$ Führungsgröße

x $\triangleq$ Regelgröße $x_A \triangleq$ Aufgabengröße   y $\triangleq$ Stellgröße $z_I \triangleq$ Störgrößen

Bild 2-10: Wirkungsweise von Steuerung und Regelung [nach SCHT 89]

Die Arbeitsweise konventioneller, lediglich vorausplanender Verfahren zur Produktionssteuerung gleicht daher der im oberen Teil von Bild 2-10 angedeuteten **Wirkungskette**; bei Systemen zur Produktionsregelung wird dagegen ein echter **Wirkungskreislauf** angestrebt (s.a. Kap. 3).

Bisher sind jedoch keine befriedigenden **analytischen Verfahren** bekannt [VWPR 89], die für eine Regelung mehrstufiger, auftragsbezogener Produktionsprozesse in Frage kommen (u.a. weil diese Prozesse infolge der auftretenden **variablen Totzeiten** im Sinne der Regelungstechnik **nichtlinear** sind [VOIG 86]).

2.3   Simulationstechnik

2.3.1   Simulation in der Produktionsleittechnik

Systemtechnische Beschreibungen komplexer Produktionssysteme können zu Simulationsuntersuchungen herangezogen werden, wenn sie auf **ablauffähige Simulationsmodelle** übertragen worden sind. Die VDI-Richtlinie 3633 definiert **Simulation** als "die Nachbildung eines dynamischen Prozesses in einem Modell, um zu Erkenntnissen zu gelangen, die auf die Wirklichkeit übertragbar sind".

Nach der **Abstraktion und Abbildung** eines realen Prozesses auf ein Simulationsmodell können mit diesem Modell **Experimente** durchgeführt werden. Die aus den Experimenten erhaltenen formalen **Ergebnisse** führen – nach entsprechender **Interpretation** – zu Erkenntnissen über das reale System und bilden so die Grundlage einer anschließenden **Optimierung des realen Prozesses** [vgl. MILB 89, HART 90].

Bereits im Vorfeld des wirklichen Produktionsablaufes können mit Hilfe von modellbasierten Simulatoren wesentliche Zusammenhänge und **Schwachstellen** (z.B. Engpässe) erkannt und bestehende **Planungen** (z.B. Pufferdimensionierung, Kapazitätsbelegung) in einem **iterativen Vorgehen verbessert** werden [vgl. EVER 88, AMAN 90].

Im Bereich der Produktion kann die Simulation für unterschiedliche Aufgaben auf verschiedenen Ebenen eingesetzt werden (Bild 2-11). Neben der häufigsten Anwendung modellbasierter Simulation, der Planung und Auslegung von Anlagen, kann auch die **Produktionsleittechnik** durch Simulationsuntersuchungen unterstützt werden [vgl. DÖRK 73, GOSD 87, SMID 87, HICK 88, SIMU 89, REIN 89, NOCH 90, ROCH 90, THAL 90, MILB 91a].

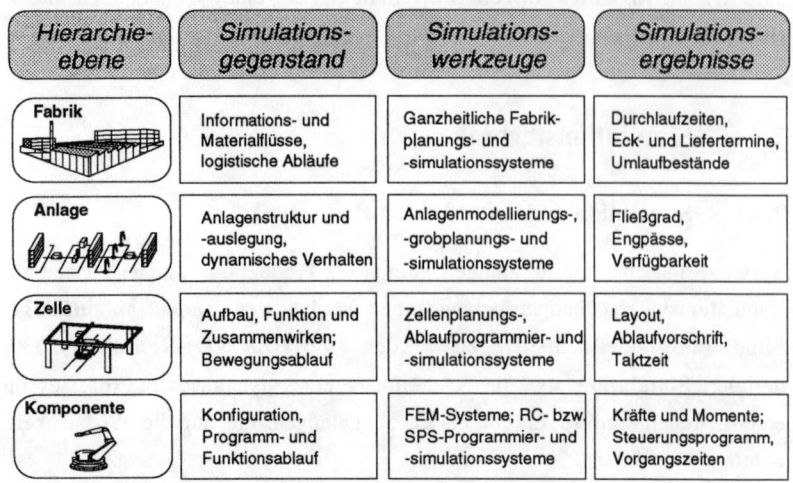

Hierarchie-ebene	Simulations-gegenstand	Simulations-werkzeuge	Simulations-ergebnisse
Fabrik	Informations- und Materialflüsse, logistische Abläufe	Ganzheitliche Fabrik-planungs- und -simulationssysteme	Durchlaufzeiten, Eck- und Liefertermine, Umlaufbestände
Anlage	Anlagenstruktur und -auslegung, dynamisches Verhalten	Anlagenmodellierungs-, -grobplanungs- und -simulationssysteme	Fließgrad, Engpässe, Verfügbarkeit
Zelle	Aufbau, Funktion und Zusammenwirken; Bewegungsablauf	Zellenplanungs-, Ablaufprogrammier- und -simulationssysteme	Layout, Ablaufvorschrift, Taktzeit
Komponente	Konfiguration, Programm- und Funktionsablauf	FEM-Systeme; RC- bzw. SPS-Programmier- und -simulationssysteme	Kräfte und Momente; Steuerungsprogramm, Vorgangszeiten

Bild 2-11: Einsatz der Simulationstechnik auf verschiedenen Ebenen [in Anlehnung an AMAN 90]

Im Rahmen von **PPS- und Werkstattleitsystemen** werden z.T. bereits heute integrierte Lösungen angeboten. Die wesentlichsten **Einsatzgebiete** sind:

- die Untersuchung von Materialreichweiten,
- die Untersuchung der Kapazitätsauslastung,
- die Ermittlung von Auftragseckterminen und
- die Schulung des Betriebspersonals.

2.3.2 Wiederverwendbarkeit von Simulationsmodellen

Im Bereich der **Planung von Produktionsanlagen** finden häufig modell-basierte Simulationsuntersuchungen statt, bevor eine komplexe Produktions-anlage installiert wird. Das Verhalten der geplanten Anlage wird studiert und schrittweise optimiert. Nachdem schließlich die Anlage aufgebaut und in Betrieb genommen ist, verschwinden diese Simulationsmodelle jedoch allzu häufig wieder in der Schublade (**"Wegwerfsimulation"**).

Dabei könnten diese **aus dem Planungsbereich stammenden Simulations-modelle** ohne großen Änderungsaufwand auch **vor Ort**, beispielsweise **während des Betriebs** einer vorher simulationsgestützt geplanten Anlage eingesetzt werden (Bild 2-12). Die Simulationsmodelle oder der Simulator (s.a. Kap. 2.3.3) müßten dafür allerdings über ausreichende **Schnittstellen** zu anderen Systemen (BDE-, PPS-, Werkstattleitsystem etc.) bzw. zu einer zentralen Datenbank verfügen, was heute meist nicht der Fall ist.

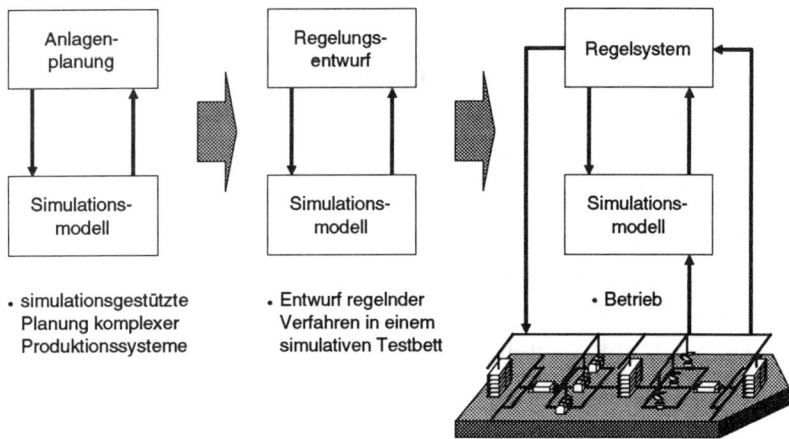

Bild 2-12: Wiederverwendbarkeit von Simulationsmodellen

2.3.3 Kennzeichen des entwickelten Simulationsansatzes

Außer einem **Simulationsmodell**, das Struktur und Verhalten einer Anlage möglichst realitätsgetreu nachbildet, wird für die Durchführung einer Simulation ein **Simulator** (Simulationstreiber) benötigt.

Dieser **Simulationstreiber** handhabt die **systeminterne Simulationszeit** und wird i.allg. von dem verwendeten Simulationspaket (wie Siman, Simfactory, Simplex, Simkit, Slam u.v.m.) zur Verfügung gestellt. Über diese gewisser-maßen synthetische Zeit, die nicht an die Zeit der Realwelt gebunden ist, werden **vorausschauende und zeitlich geraffte Betrachtungen** möglich.

Anhand der Arbeitsweise des Simulators läßt sich die im Rahmen dieser Arbeit eingesetzte Art der Simulation wie folgt **einordnen und näher charakterisieren** [vgl. ZEIG 84]:

Es handelt sich um eine

- **zeitdiskrete, ereignisorientierte** Simulation, weil die Simulationszeit innerhalb des Simulationstreibers durch – an feste Zeitpunkte gebundene sowie bzgl. ihrer Dauer zeitlose – Ereignisse repräsentiert wird, welche chronologisch in unterschiedlich großen zeitlichen Sprüngen abgearbeitet werden,

- **wahlweise deterministische oder stochastische** Simulation, weil über Zufallsgeneratoren im Simulationsablauf statistische Schwankungen unterschiedlicher Verteilungen erzeugt werden können, diese Generatoren aber zu- bzw. abschaltbar sind (z.B. für Störereignisse, zeitl. Schwankungen),

- **objektorientierte und wissensbasierte** Simulation, weil Simulator und Simulationsmodell innerhalb einer Entwicklungsumgebung für wissensbasierte Systeme mit Hilfe der KI-Technik Objektorientierte Programmierung realisiert sind (s.a. Kap. 2.4.2) und

- **modellbasierte** Simulation, weil der Simulationstreiber während des Abarbeitens einzelner Ereignisse auf ein (komplexes) Anlagensimulationsmodell einwirkt und dort bestimmte Zustandsänderungen hervorruft.

Die vorliegenden Arbeit stellt in Kapitel 5.3 ein wissensbasiertes, ereignisorientiertes **Simulationsmodell einer mehrstufigen Produktionslinie** vor. Außerdem wird in Kapitel 8.1.1 auf den ebenfalls entwickelten **ereignisorientierten Simulationstreiber** kurz eingegangen.

2.4 Künstliche Intelligenz

2.4.1 Wissensbasierte Systeme und Expertensystemtechnik

Wissensbasierte Systeme, oft auch als KI- oder Expertensysteme bezeichnet (KI = Künstliche Intelligenz), werden im Produktionsbereich vor allem für **Planungs- und Diagnoseaufgaben** eingesetzt [vgl. LUDW 89, HUBE 90, MERT 90, KUPE 91, SCHÖ 91]. Sie können im Rahmen der Produktionsregelung dem Fachpersonal als **Hilfsmittel zur Entscheidungsfindung** dienen.

Diese – meist regelbasierten – **Expertensysteme** sind Programme, mit denen auf der Basis von zuvor eingegebenem Wissen über anlagenspezifische Zusammenhänge und Wirkbeziehungen das Spezialwissen und die Schluß-folgerungsfähigkeit qualifizierter Fachleute auf eng begrenzten Aufgabengebieten nachgebildet werden soll (Bild 2-13). Ein wesentliches **Kennzeichen von Expertensystemen** ist die Trennung des **anwendungsspezifischen Wissens** (Wissensbasis) von der Verwaltung und Anwendung des Wissens

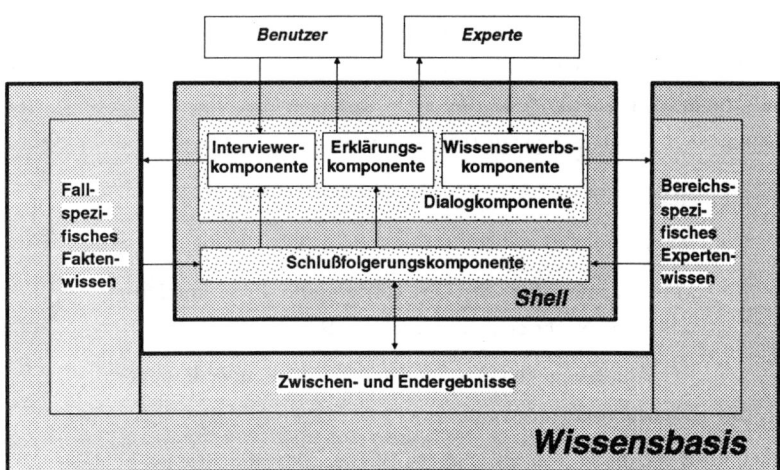

Bild 2-13: Struktur eines Expertensystems [PUPP 88]

bzw. der werkzeugabhängigen **Schlußfolgerungskomponente**, die auf der Basis der eingegebenen Fakten eine Lösung zu finden versucht.

Für die Implementierung von wissensbasierten Systemen existieren eine Reihe von Entwicklungsumgebungen, die i.allg. als **Expertsystem-Shells** bezeichnet werden (z.B. KEE, ART, BABYLON u.v.m). Neben den sog. **Produktions-regeln** (wenn...dann...) und unterschiedlichen **Schlußfolgerungsmechanismen** (Vorwärts- und/oder Rückwärtsverkettung der Regeln) unterstützen diese Tools häufig mehrere Programmiertechniken aus dem Bereich der Künstlichen Intelligenz (s. Kap. 2.4.2). Der Hauptvorteil dieser "**hybriden Werkzeuge**" ist ihre Fähigkeit, bei der Bearbeitung eines Problemkomplexes **mehr als eine Technik kombinieren** zu können, um so eine an alle spezifischen Teil-probleme besonders gut angepaßte Softwarelösung zu erreichen.

Im Rahmen der vorliegenden Arbeit wurde mittels einer hybriden Entwick-lungsumgebung für wissensbasierte Systeme (KEE) ein **Expertensystem** rea-lisiert, das **in Störsituationen Entscheidungsunterstützung** bietet (Kap. 7).

2.4.2 KI-Softwaretechniken

Im Bereich der Künstlichen Intelligenz sind neben den im letzten Abschnitt angesprochenen Entwicklungsumgebungen (Shells) eine Reihe von **Program-miertechniken** entstanden, die eine Realisierung von wissensbasierten Systemen erleichtern können [vgl. PUPP 88]:

- spezielle Programmiersprachen (LISP, Prolog; C++),

- Programmieren mit logischen Ausdrücken (Prädikatenlogik),

- Mechanismen für die Objektorientierte Programmierung (Objekte, Nachrichtenaustausch; s. Bild 2-14),

- Repräsentation von Abhängigkeiten und Randbedingungen (Constraints),

- Behandlung von unsicherem Wissen (probabilistisches Schließen),

- Behandlung von Ausnahmen (nichtmonotones Schließen) sowie

- grafische Darstellungshilfen und Editoren (Browser).

Für die vorliegende Arbeit ist vor allem die **Objektorientierte Programmierung** (OOP) von Bedeutung (Bild 2-14). Sie kann ein nützliches Werkzeug zur Bewältigung der Komplexität größerer Anwendungsbereiche sein, weil

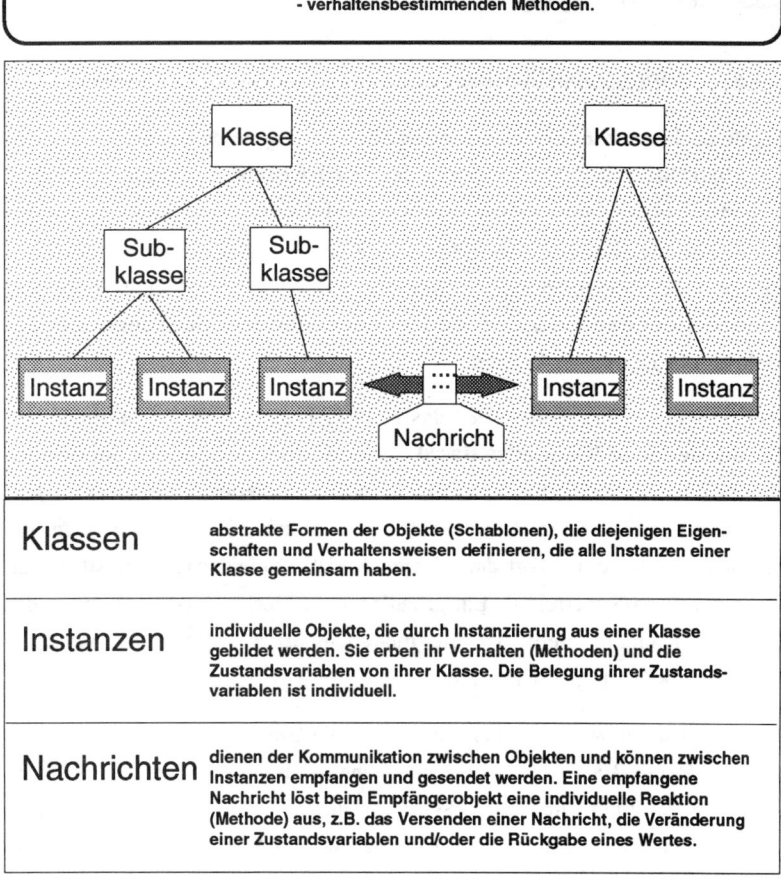

Bild 2-14: KI-Technik Objektorientierte Programmierung [nach HART 90]

durch eine **Strukturierung in Objektbäumen** (Frames) sich übersichtliche und hierarchisch gegliederte Systeme erzeugen lassen.

Mit Hilfe der Objektorientierten Programmierung können deshalb auch relativ einfach **systemtechnische Modelle** komplexer Produktionssysteme auf lauffähige **ereignisorientierte Simulationsmodelle** abgebildet werden (vgl. Kap. 2.2.1 u. 2.3). Im Rahmen dieser Arbeit wurde mit Hilfe der OOP innerhalb einer Expertensystemshell ein **Simulationstreiber** sowie ein **Simulationsmodell** realisiert (s.a. Kap. 5.3 u. 8.1.1).

2.4.3 Wissensmodellierung

Probleme bei der Entwicklung wissensbasierter Systeme bereitet vor allem die **Abstraktion und Modellierung des Praxiswissens,** das bei menschlichen Experten häufig intuitiv gehandhabt wird und deshalb nicht direkt zugänglich ist. Diese sog. **kompilierte Form** des Wissens läßt sich ohne zusätzliche methodische Hilfsmittel nur schwer auf die Wissensbasis eines Expertensystems übertragen, weil auch die Fachleute selbst ihre Handlungsweise z.T. nicht direkt begründen können.

Aus diesem Grunde wurde 1983 das ESPRIT-Projekt 1098 "**A Methodology for the Design of Knowledge Based Systems**" ins Leben gerufen, im Rahmen dessen eine Methodik für den Entwurf wissensbasierter Systeme entwickelt werden sollte. Die erste Phase des Projekts ist seit 1988 abgeschlossen, die entwickelte Methodik trägt den Namen **KADS** (Knowledge Acquisition and Documentation Structuring). Ein grundlegendes Merkmal, das sich durch das gesamte Konzept zieht, ist die **modellgestützte** und **modellgesteuerte Vorgehensweise** [vgl. SCHA 89].

Ein wissensbasiertes System entsteht durch die Übertragung eines **Verhaltens aus der Realität** auf eine (werkzeugabhängige) **Beschreibung in einer Wissensbasis** des zu entwickelnden Systems. Dieser Entwicklungsprozeß wird im Rahmen von KADS als eine **Transformation von Modellen** verstanden. Die Modelle stellen jeweils **Zwischenergebnisse** verschiedener Entwicklungsphasen dar. Sie bilden einen **Ausschnitt der Realität** ab, indem sie im aktuellen

Kontext die als nicht relevant erachteten Dinge abstrahieren, die jeweils wesentlichen Dinge aber möglichst präzise modellieren.

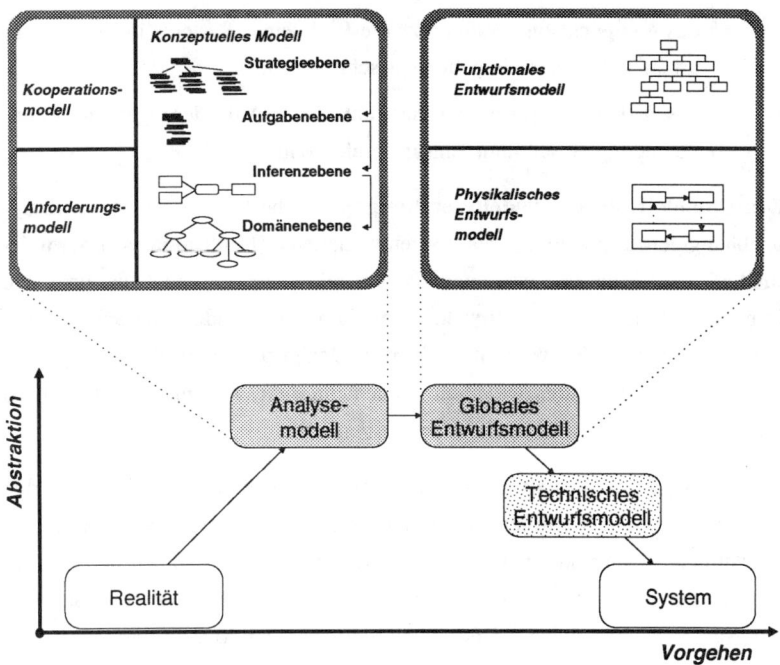

Bild 2-15: Entwicklung wissensbasierter Systeme mit der KADS-Methodologie [nach BUSH 89]

Bild 2-15 stellt das Vorgehen innerhalb des Entwicklungsprozesses eines wissensbasierten Systems dar, d.h. die Art und Weise, in der die Zwischenergebnisse des Systementwurfs in Form von **Modellen** aufeinander aufbauen. KADS unterscheidet zwei Phasen des Systementwurfs: eine **Analysephase**, in der der zu modellierende Bereich verstanden und auf abstrakte Modelle abgebildet wird, und eine **Designphase**, in der der Entwurf des eigentlichen **Systems** vorbereitet wird [vgl. BUSH 89].

Das Ergebnis der **Modellierung in der Analysephase** bilden drei Modelle:

- das **Konzeptuelle Modell**, in dem das gesamte Wissen des sog. Realweltausschnitts modelliert wird,

- das **Kooperationsmodell**, das die Rolle eines Systems in Zusammenarbeit mit seiner Umgebung beschreibt und

- das **Anforderungsmodell**, das funktionale Anforderungen und Randbedingungen aus dem Einsatzbereich enthält.

Das **Globale Entwurfsmodell der Designphase** besteht aus einer werkzeugunabhängigen Darstellung des Systemverhaltens (**Funktionales Entwurfsmodell**) sowie aus der geplanten Systemarchitektur, die sich aus einzelnen Implementationsmodulen (**Physikalisches Entwurfsmodell**) zusammensetzt. Das **Technische Entwurfsmodell der Designphase** berücksichtigt die Möglichkeiten eines ausgewählten Implementierungswerkzeugs und stellt so die direkte Vorstufe des realisierten Systems dar.

Aus Sicht dieser Arbeit stellt besonders das **Konzeptuelle Modell der Analysephase** ein wichtiges Hilfsmittel für die Strukturierung von komplexen Zusammenhängen und Abläufen bei Entscheidungen im Rahmen der Produktionsregelung dar. In Kapitel 7.3 wird deshalb die wissensbasierte Entscheidungsunterstützung anhand einer Modellierung mit KADS erklärt.

3 Ganzheitlicher Ansatz einer hierarchisch verteilten Produktionsregelung

Kapitel 3 stellt den Ansatz der hierarchisch verteilten Produktionsregelung gesamtheitlich vor. Neben einer Definition des Begriffs Produktionsregelung findet sich in diesem Kapitel eine Beschreibung der Aufgaben und Ziele der Produktionsregelung. Es werden allgemein die Abläufe beschrieben, die über eine regelnde Arbeitsweise optimiert werden können. Außerdem wird die regelungstechnische Analogie des Produktionsregelkreises erklärt, und Anforderungen und Möglichkeiten einer Realisierung werden angesprochen.

3.1 Einordnung und Definition der Produktionsregelung

3.1.1 Definition des Begriffs Produktionsregelung

Die Situation in der Produktionsleittechnik war in der Vergangenheit besonders bei Serienfertigung gekennzeichnet durch ein **Übergewicht vorbereitend planender Verfahren** gegenüber Verfahren zur Steuerung der Auftragsabwicklung. Durch eine möglichst exakte Planung des späteren Produktionsablaufes wurde versucht, eine reibungslose Abwicklung der Kunden- und Produktionsaufträge zu gewährleisten. Weil jedoch **unvorhergesehene und/oder komplex zusammenwirkende Störungen** die termin- und mengengerechte Fertigstellung der Aufträge in Fertigung und Montage immer wieder in Frage stellen, haben diese Ansätze allein zu nicht ausreichenden Ergebnissen geführt (vgl. Kap. 1.2.1).

Der im Rahmen dieser Arbeit verwendete **Begriff Produktionsregelung** soll verdeutlichen, daß anstelle einer rein dispositiv vorausblickenden Planung, die besonders im Serienfertigungsbereich auch heute noch teilweise ausschließlich auf Planparametern basiert, eine **flexible und situationsbezogene Regelung in allen Phasen der Auftragsabwicklung** zukünftig den Schwerpunkt bilden muß.

In Anlehnung an die in Kapitel 2.1.2 erklärten Aufgaben der Produktionssteuerung können die **Aufgaben einer Produktionsregelung** definiert werden
als das

- **situationsangepaßte Planen**,
- **optimierte Veranlassen**,
- **permanente Überwachen** und
- **zuverlässige Sichern**

der Ausführung von Produktionsaufträgen hinsichtlich Bedarf (Menge,
Variante, Termin etc.) sowie Qualität und Kosten.

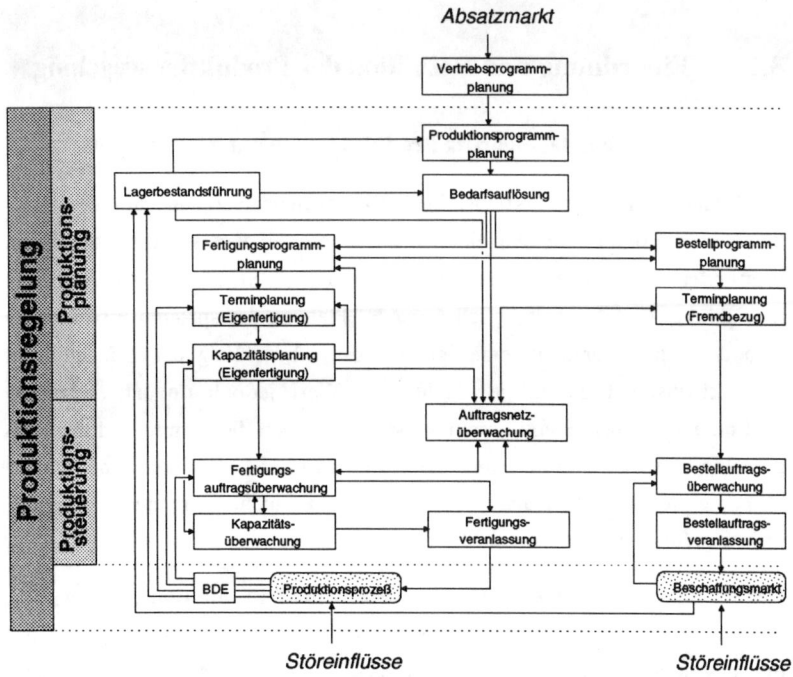

*Bild 3-1: Produktionsregelung als Erweiterung der Produktionsplanung und
-steuerung [nach HACK 89]*

Diese Definition überspannt das gesamte Feld der Produktionsleittechnik, wobei das Hauptaugenmerk auf **Informationsrückkopplungen** aus dem laufenden Produktionsprozeß und auf dem Einbeziehen **kennzeichnender Daten** über den aktuellen Produktionsfortschritt in die Planungs- und Steuerungsabläufe liegt (Bild 3-1):

* Bereits die mittel- und kurzfristige (Fein-) **Planung** muß **zeitnah im Dialogbetrieb** durchgeführt werden und sich auf Daten stützen, welche ausreichend die **aktuelle Situation** in Fertigung und Montage charakterisieren sowie Informationen über **Vergleichszeiträume** aus der jüngeren Vergangenheit miteinbeziehen.

* Beim **Veranlassen** (Einlasten/Freigeben/Starten) von Produktionsaufträgen können jedesmal **Optimierungen** durchgeführt werden, die aufbauend auf Informationen über den aktuellen Fortschritt aller Aufträge dazu beitragen, Störungen bereits im Vorfeld zu vermeiden.

* Das **permanente Überwachen** des Produktionsprozesses mit geeigneten graphischen Hilfsmitteln schafft einen **besseren Überblick** und damit die Möglichkeit, **schnell und effektiv** auf Störungen und Planabweichungen reagieren zu können. Unnötige Zeitverluste bei der Reaktion auf aktuelle Entwicklungen werden vermieden; außerdem können einzuleitende Korrekturmaßnahmen auch kompetenter ausgewählt werden.

* Das **Sichern** der Auftragsabwicklung erfolgt über entsprechende korrigierende Eingriffe in den Produktionsprozeß, mit denen z.B. auf Störungen reagiert wird. Die **Zuverlässigkeit des Sicherns** bzw. die Erfolgsaussichten dieser Eingriffe hängen bisher von der Kompetenz und Erfahrung des Entscheidungsträgers sowie von dessen Geschick bei der Zusammenstellung geeigneter Maßnahmenpakete ab. Hier müssen über eine zuverlässige **Entscheidungsunterstützung** die Erfolgsaussichten und Nebenwirkungen unterschiedlicher Alternativen bereits bei der Maßnahmenauswahl transparent gemacht werden.

Die vorliegende Arbeit stellt in den Kapiteln 4 ff. graphikfähige **EDV-Komponenten zur Entscheidungsunterstützung** vor, mit deren Hilfe diese regelnde Arbeitsweise erreicht werden kann.

3.1.2 Flußorientierung der Produktionsregelung

Ziel der Produktionsregelung ist es, in allen Teilbereichen der Produktion den **Fluß der Aufträge und damit des Materials** so zu steuern, daß es nach Möglichkeit zu keinen Stockungen kommt (Bild 3-2).

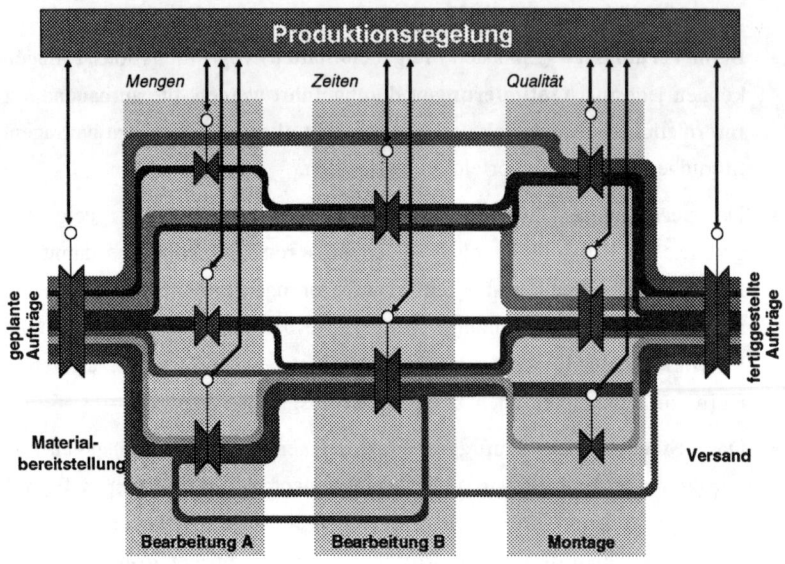

Bild 3-2: Flußorientierte Regelung von Produktionsprozessen

Das bedeutet beispielsweise, daß nicht nur alle zu einem Kundenauftrag gehörenden Teilaufträge für Module und Komponenten rechtzeitig angestoßen werden müssen, sondern daß auch innerhalb der einzelnen Produktionsbereiche der Materialfluß möglichst harmonisch auf die zur Verfügung stehenden Kapazitätseinheiten (Maschinen/-gruppen) verteilt werden muß.

Die z.T. aus einer **suboptimalen Steuerung** des Produktionsprozesses resultierenden **passiven Zeitanteile** der Durchlaufzeit können reduziert bzw. vermieden werden. Eine **flußorientierte Regelung** des Auftragsdurchlaufs in der Produktion, die bei allen Aktionen und Entscheidungen die Ist-Situation und sich abzeichnende Tendenzen berücksichtigt, sorgt für **geringere Störsensibilität** und liefert dadurch bessere Ergebnisse. Stockungen im Material- und Informationsfluß können auf ein Minimum reduziert werden, der **Fließgrad des Produktionsprozesses** – d.h. das Verhältnis aktiver zu passiven Durchlaufzeitanteilen [vgl. MILB 91] – wird verbessert.

Um dieses **Ziel**, Material und Information am Fließen zu halten, auch wirklich erreichen zu können, ist im Rahmen der Produktionsleittechnik eine eher **kybernetisch orientierte Betrachtungsweise** erforderlich (Bild 3-3).

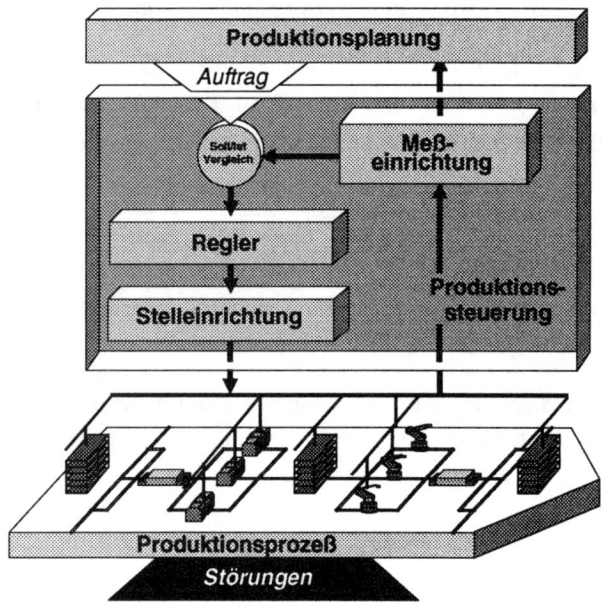

Bild 3-3: Die Produktionsplanung und -steuerung als informationeller Regelkreis

Diese Betrachtungsweise ist bei verfahrenstechnischen Fließprozessen seit jeher gebräuchlich und muß in Zukunft auch stärker bei Stückgutprozessen angewendet werden (vgl. Kap. 2.2.2 und [BÖRN 86,88+88a, WIEN 86, TREU 90]).

Aus kybernetischer Sicht läßt sich die **Produktionssteuerung als Regeleinrichtung** auffassen, die den Produktionsprozeß möglichst angepaßt an aktuelle Entwicklungen im Absatzmarkt führen soll (s.a. Kap. 3.4.1). Die optimale **Planungsgenauigkeit** (Regelgüte) wird erreicht, wenn schließlich alle Aufträge fristgerecht und vollständig geliefert werden können.

3.2 Produktionsregelung als hierarchisch verteilter Aufgabenkomplex

3.2.1 Hierarchische Strukturierung und Wirkungsbereiche

Konventionelle Systeme der Produktionsleittechnik sind häufig **zentral organisiert** und deswegen **relativ starr** (vgl. Kap. 1.2). Sie können oft nur schwerfällig und mit erheblichem Zeitverzug auf aktuelle Entwicklungen reagieren.

Benötigt werden dagegen **flexible, dezentral organisierte und vernetzte Systeme**, die bestimmte Probleme ihres Zuständigkeitsbereichs selbständig bewältigen und unkritische Schwankungen sowie einfache Störungen online ausregeln können (Bild 3-4).

Aus heutiger Sicht muß die **Strukturierung der Informationsverarbeitung** im Bereich der Produktionsleittechnik vor allem folgende Kriterien berücksichtigen (vgl. Kap. 2.1.3 und [LUTZ 88]):

- streng hierarchische Gliederung,

- lose Kopplung zwischen benachbarten Ebenen,

- vertikale und horizontale Vernetzung der Einzelsysteme,

- hoher Autonomiegrad einzelner Komponenten,

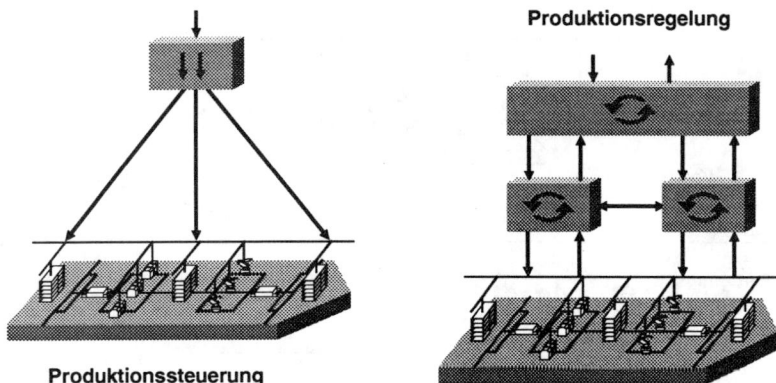

Bild 3-4: *Weniger zentrale Steuerung – mehr dezentrale Regelung [nach MILB 88]*

- klare Abgrenzung der Aufgaben- und Wirkungsbereiche,
- Minimierung der Informationsflüsse zwischen den Komponenten und
- im Rechnernetz verteilbare Systemarchitektur.

Neben dem oben angesprochenen Aspekt höherer Flexibilität bei dezentral organisierten Systemen spielt auch die **Systemverfügbarkeit** in diesem Zusammenhang eine wichtige Rolle. Weil einzelne Komponenten aus einer solchermaßen **strukturierten Hierarchie von Informationssystemen** über längere Zeiträume ohne Informationsaustausch (z.B. mit übergeordneten Systemen) auskommen, kann eine wesentlich höhere Gesamtverfügbarkeit erreicht werden. Außerdem wird durch die **dezentrale Organisation** der Informationsverarbeitung eine **informationstechnische Überlastung** (Aufgabenüberfrachtung) einzelner Systeme vermieden, die beispielsweise bei PPS-Systemen bereits heute zu beobachten ist [KUPE 91].

Die in Kapitel 3.1.1 angesprochenen **Aufgaben der Produktionsregelung** finden sich innerhalb einer hierarchisch gegliederten EDV-Landschaft auf allen Ebenen.

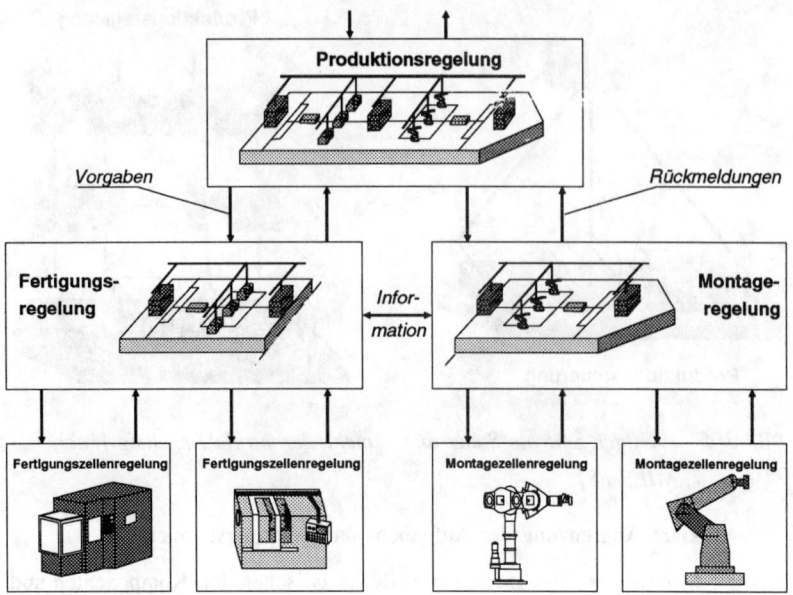

Bild 3-5: Produktionsregelung als hierarchischer Aufgabenkomplex [nach MILB 88]

Jede der in Bild 3-5 dargestellten Regelungskomponenten (Fertigungs-, Montageregelung etc.) übernimmt in ihrem Zuständigkeitsbereich Aufgaben des **Planens, Veranlassens, Überwachens und Sicherns**.

Die jeweilige Ausprägung dieser Aufgaben ist dagegen vom Einsatzbereich abhängig:

- Während auf unterster Ebene die Komponenten zur Zellenregelung die **Abläufe innerhalb einer Zelle** regeln (z.B. Maschinenstörung, Diagnose, Behebung [vgl. SCHÖ 91]),

- werden auf der mittleren (Bereichsleit-) Ebene die **Vorgänge in einem Produktionsteilbereich** abgestimmt (z.B. Reihenfolgebildung in der Fertigung; Störstrategie [vgl. KUPE 91]).

- Auf oberster (Produktionsleit-) Ebene wird das "Gesamtoptimum" im Sinne der Zielfunktion (vgl. Kap. 2.1.1) angestrebt und überwacht; hier werden sämtliche **Produktionsbereiche untereinander** und mit der betriebsinternen (Auslagerungen, Transporte) und betriebsexternen (JIT-Zulieferer) **Logistik koordiniert.**

3.2.2 Kaskadierte Verteilung regelnder Systeme

Neben dem Aspekt der hierarchischen Strukturierung von Informationssystemen ist in Zusammenhang mit der Produktionsleittechnik auch der Aspekt der **Verteilung im Rechnernetz** von Bedeutung.

Unter dem Begriff **verteilte Systemarchitektur** (s.a. Strukturierungskriterien in Kap. 3.2.1) soll hier die Möglichkeit verstanden werden, alle Systemkomponenten **im lokalen Rechnernetz verteilt** auf beliebiger Rechnerhardware **implementieren und betreiben** zu können.

Der Informationsfluß zwischen den vernetzten Systemkomponenten kann in diesem Fall direkt oder indirekt abgewickelt werden:

Mit Hilfe von Werkzeugen zur Interprozeßkommunikation (s.a. Kap. 8.2) können Informationen **direkt**

- über permanent aufrechterhaltene **Datenkanäle** (verbindungsorientiert) oder

- über gelegentliche **Mitteilungen** zwischen verschiedenen Rechenprozessen (nachrichtenorientiert) versendet und empfangen werden.

Außerdem besteht die Möglichkeit, von mehreren Systemen bzw. Rechenprozessen benötigte Informationen **indirekt** über **gemeinsame Datenbestände** in einer komponentenübergreifenden Datenbasis auszutauschen (s.a. Kap. 8.1.2).

Eine **hierarchisch verteilte Produktionsregelung** kann für **mehrstufige Serienproduktion** wie in Bild 3-6 dargestellt realisiert werden. Im Sprachgebrauch der Regelungstechnik wird eine solche Reglerhierarchie als **kaskadiertes Regelsystem** bezeichnet.

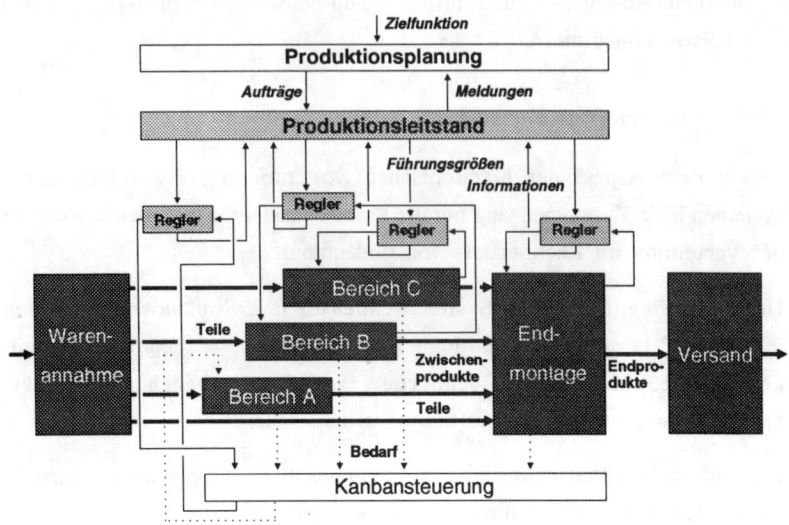

Bild 3-6:   Kaskadiertes Regelsystem optimiert den Auftragsdurchlauf bei mehrstufiger Produktion

Hier handelt es sich um einen kaskadenartig organisierten **Verbund regelnder Leitstandsysteme**, welche die Produktionsauftragsabwicklung während aller Phasen des Durchlaufs koordinieren und optimieren. Jedem Produktionsbereich ist ein **Fertigungs- bzw. Montageregler** zugeordnet, der die Abwicklung der Bereichsaufträge innerhalb des Bereichs nach **lokalen Kriterien** (Auslastung, Durchsatz etc.) optimiert und dort auftretende Störungen nach Möglichkeit lokal ausregelt.

Für die **Regelung der Materialbereitstellung** (Kanbansteuerung) ist in Bild 3-6 ein weiterer Regler vorgesehen, der reichweitenorientiert unter Berücksichtigung der aktuellen Verbrauchsentwicklung bestimmte Versorgungsparameter nachführt (z.B. Behälteranzahl, -füllmenge).

Die **Koordination** der einzelnen Bereichsregler sowie die **Optimierung** nach bereichsübergreifenden, gesamtheitlichen Kriterien (Termintreue, Lieferbereitschaft etc.) übernimmt ein **übergeordneter Produktionsregler**, der in einem Produktionsleitstand bzw. Auftragszentrum der mehrstufigen Produktionslinie anzusiedeln ist.

3.3 Regelungspotentiale innerhalb der Produktionsleittechnik

3.3.1 Potentielle Einsatzgebiete für regelnde Verfahren

Die Produktionsregelung hat eine Reihe von Möglichkeiten, die Produktionsabläufe im Unternehmen und damit die Auftragsabwicklung zu optimieren. Alle mittel- und kurzfristigen planändernden, koordinierenden oder steuernden Tätigkeiten lassen sich als Regelkreise interpretieren.

Regelungspotentiale sind jeweils die **bestehenden Defizite in der ebeneninternen und ebenenübergreifenden Abstimmung** einzelner Produktionseinheiten oder Abteilungen, welche die tayloristisch geprägte Arbeitsteiligkeit besonders bei größeren Organisationen mit sich bringt.

Bei einer variantenreichen Fertigung mit sehr niedrigem Wiederholgrad und hoher Fertigungstiefe, beispielsweise bei der im Maschinenbau sehr häufigen kundenauftragsspezifischen (Werkstatt-) Fertigung, existieren solche Regelungspotentiale beispielsweise:

- im Rahmen der Leittechnik im Fertigungsvorfeld (Auftragsklärung, Simultanious Engineering, Arbeitsvorbereitung),
- bei der Ressourcenplanung und -verteilung,
- bei der terminlichen Steuerung der Auftragsnetze sowie
- bei der Störfallbehandlung.

Bei Serienproduktion mit hoher Wiederholhäufigkeit und niedriger Fertigungstiefe – wie der beispielhaft betrachteten mehrstufigen Produktionslinie (vgl.
Kap. 2.1.4) – sind vor allem Regelkreise

- im Bereich der Produkt- und Produktionsplanung,
- während der Produktionsauftragsabwicklung

zu unterscheiden (zum Einfluß des Organisationstyps vgl. Kap. 2.1.2).

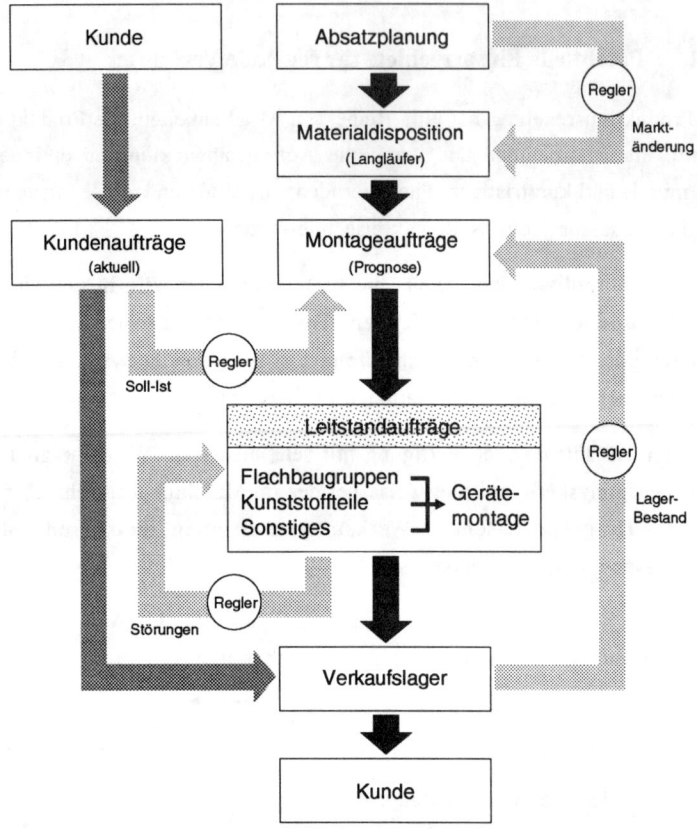

*Bild 3-7:   Regelkreise im Umfeld einer mehrstufigen Serienproduktion [nach
SIEMENS]*

Im **vorausblickend planenden Bereich** zielen diese Regelkreise auf ein **Anpassen bestehender oder neu zu erstellender Pläne** an aktuelle Entwicklungen ab (Bild 3-7). Auf veränderte Marktanforderungen soll möglichst rasch und effizient reagiert werden, indem die Vorgaben für Fertigung und Montage (Materialdisposition, Montageprogramm) in geeigneter Weise korrigiert werden.

Während im **Vorfeld der Produktion** also die Adaption der Planvorgaben im Vordergrund steht, zielt die Regelung **während der Produktionsauftragsabwicklung** darauf ab, diese Vorgaben möglichst effektiv und effizient umzusetzen.

Bild 3-8 veranschaulicht beispielhaft dieses Regelungspotential für den im Rahmen der vorliegenden Arbeit betrachteten mehrstufigen Serienproduktionsprozeß (vgl. Kap. 2.1.4).

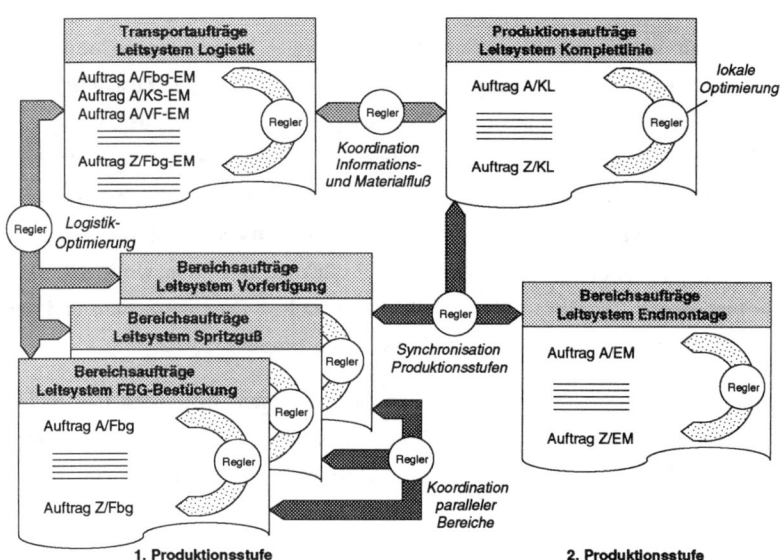

Bild 3-8:   Regelungspotentiale während der Produktionsauftragsabwicklung am Beispiel mehrstufiger Serienproduktion

Folgende **Regelungsmöglichkeiten** lassen sich unterscheiden (s. Bild 3-8):

- **Lokale Optimierungen**, die z.b. über Änderungen der Auftragsreihenfolge innerhalb eines Bereiches für eine situationsangepaßte Führung des Prozesses sorgen;

- **zeitliche Abstimmungen** korrespondierender Aufträge aus verschiedenen Bereichen der gleichen Produktionsstufe;

- **terminliche Synchronisation** aufeinanderfolgender Produktionsstufen, z.B. bzgl. des Zeitpunkts der Materialanlieferung;

- **zeit- und mengenmäßige Koordination** von Materialanlieferungen und Transporten mit liefernden und belieferten Bereichen sowie der übergeordneten Planung;

- **logistische Optimierungen** zur Verbesserung der Transportauftragsabwicklung sowie

- **intelligentes Störungsmanagement** in allen Teilbereichen.

Ziel dieser untereinander vermaschten Regelkreise ist die **organisatorische Optimierung** der Abwicklung aller Vorgänge im jeweiligen Zuständigkeitsbereich. Es handelt sich um eine "**Regelung der Prozeßqualität**", wobei die Prozeßqualität den **Grad der Zielerreichung** bei der Regelung des Produktionsprozesses bezeichnet (Qualität der Abwicklung des Produktionsprozesses; zur Zielfunktion vgl. Kap. 2.1.1). Während die **Produktqualität** am Verhältnis qualitativ einwandfreier zu fehlerhaften Produkten gemessen wird, läßt sich die **logistische Prozeßqualität** anhand der erzielten Durchlaufzeiten und der aufgetretenen Terminverzüge und Bestände bestimmen.

Die Aufgabe dieser Produktionsregelung ist es, einen (in diesem Fall mehrstufigen) Produktionsprozeß so sicher zu führen, daß trotz auftretender Störungen und Planabweichungen ein **relatives Gesamtoptimum im Sinne der Zielvorgaben** erreicht wird.

3.3.2 Störungen und mögliche Reaktionen

Gäbe es keine Störungen im Produktionsprozeß, dann würde es ausreichen, die Produktionsabwicklung genügend genau zu planen; diese absolut **exakten Pläne** könnten präzise eingehalten und Schritt für Schritt abgearbeitet werden. Die mit Hilfe von **Regelungsmechanismen** angestrebte **Flexibilität** während der Auftragsabwicklung würde sich so erübrigen.

Praktische Erfahrungen zeigen jedoch, daß es wegen einer Vielzahl von unvorhergesehenen und oft komplex zusammenwirkenden Störungen mit heutigen EDV-Verfahren oft nicht gelingt, Material und Information am Fließen zu halten. Das **Störungsmanagement** spielt in Zusammenhang mit der Produktionsregelung daher eine besonders wichtige Rolle.

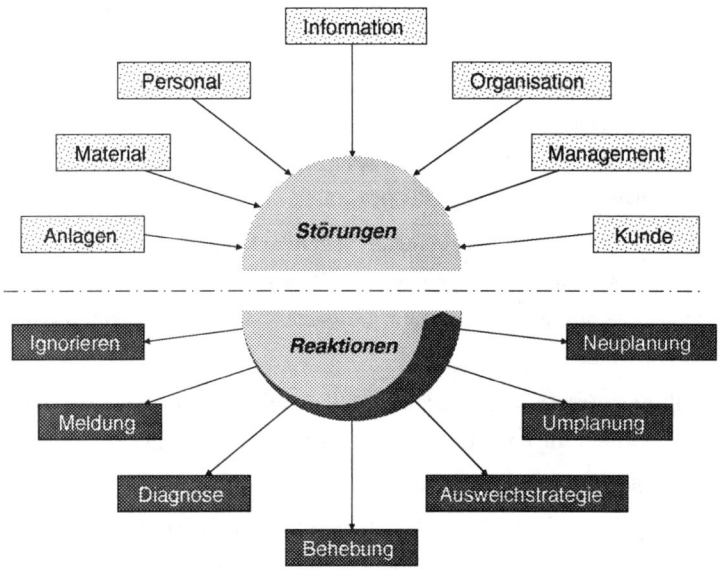

Bild 3-9: Störungsquellen und Handlungsalternativen

Bild 3-9 zeigt im oberen Teil beispielhaft einige Bereiche, aus denen Störungen in einem Produktionsablauf resultieren können. Nicht nur die (rechtzeitige und vollständige) Verfügbarkeit von Betriebsmitteln, Unterlagen und Material bereitet oft Probleme; auch die Qualität von Ausgangsmaterialien und produzierten Modulen und Produkten erreicht i.d.R. nicht die angestrebte 100%-Marke [vgl. BÖRN 86+88, SHMI 91]. Sogar vom Kunden oder aus dem Management können "Störungen" kommen, beispielsweise in Form plötzlich **geänderter Auftragsparameter** (Termin, Variante, Menge etc.) bzw. als Eilaufträge, welche aufgrund höchster Priorität den geplanten Ablauf in Fertigung und Montage verzögern oder unmöglich machen.

Die **Behandlung von Störsituationen** läßt sich im Rahmen der Produktionsregelung allgemein in folgende Schritte unterteilen:

- **Störungen sicher und schnell erkennen.** Durch eine möglichst permanente Überwachung der Anlage sowie eine schritthaltende Kontrolle des Produktionsfortschritts muß versucht werden, Störungen stets so früh wie möglich zu registrieren.

- **Situation umfassend und genau analysieren.** Eine detaillierte Analyse der vorliegenden Gesamtsituation verschafft die Informationen, welche erforderlich sind, um Auswirkungen und Konsequenzen einer Störung ausreichend überblicken zu können.

- **Strategie mit möglichst geringen Nebenwirkungen und hohen Erfolgsaussichten planen.** Auf der Basis der Situationsanalyse muß eine adäquate Maßnahme ausgewählt bzw. ein geeignetes Maßnahmenpaket zusammengestellt werden.

- **Maßnahme(n) in angemessener Weise einleiten.** Die gewählte Störfallstrategie muß im Produktionsprozeß durchgesetzt werden.

- **Planänderung anstoßen und Information weiterleiten.** Falls außerhalb des jeweiligen Zuständigkeitsbereichs weitere Systeme von einer Störung oder deren Auswirkungen betroffen sind, muß eine entsprechende Meldung abgesetzt werden. Außerdem sind ggf. überholte Pläne auf den neuesten Stand zu bringen.

Die ausgewählte Reaktion auf eine Störung kann dabei durchaus – abhängig von ihrer Bedeutung und den Möglichkeiten des Unternehmens – sehr verschieden ausfallen (Bild 3-9 unten). Prinzipiell reicht das **Spektrum der Reaktionsmöglichkeiten** von "Ignorieren" über eine differenzierte Diagnose und die Beseitigung der Störungsursache bis hin zu einer kompletten Neuplanung aller Vorgänge auf der Basis der aktuellen Situation; die Reaktion muß jeweils situationsabhängig und angemessen sein.

Im Rahmen der Produktionsregelung kommt es also vor allem auf ein **möglichst intelligentes und situationsangepaßtes Reagieren** an, denn jeder Eingriff in den Produktionsprozeß kann u.U. weitere Störungen hervorrufen. Auch die bei einer Störfallbehandlung zusammengestellten Regelungsmaßnahmen können also – bei ungeschickter Auswahl – wieder neue Störungen nach sich ziehen (s.a. Kap. 7).

3.4 Regelungstechnische Analogie des Produktionsregelkreises

3.4.1 Detaillierung des Produktionsregelkreises

Nach DIN 19226 handelt es sich bei einer **Regelung** "um einen Vorgang, bei dem eine Größe, die zu regelnde Größe (Regelgröße), fortlaufend erfaßt, mit

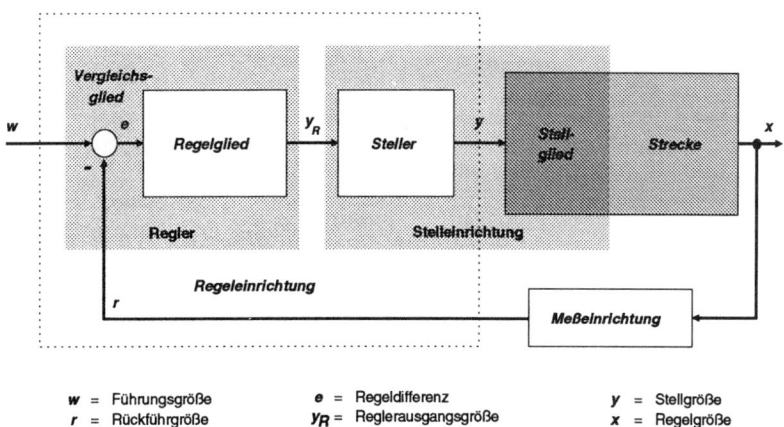

w = Führungsgröße	e = Regeldifferenz	y = Stellgröße
r = Rückführgröße	y_R = Reglerausgangsgröße	x = Regelgröße

Bild 3-10: Typischer Wirkungsplan einer Regelung [nach DIN 19226]

einer anderen Größe, der Führungsgröße, verglichen und im Sinne einer Angleichung an die Führungsgröße beeinflußt wird.

Wesentliches Kennzeichen ist dabei der **geschlossene Wirkungsablauf**, bei der die Regelgröße im Wirkungsweg des Regelkreises **fortlaufend sich selbst beeinflußt"** (Bild 3-10).

In **Analogie** zu dieser Definition müßten im Rahmen der **Produktions-steuerung** also fortlaufend Daten über den Verlauf (Fortschritt) im Produktionsprozeß ausgewertet, mit den Vorgaben verglichen und der Prozeß selbst aktiv im Sinne der Zielvorgaben beeinflußt werden. Wenn dieser **geschlossene Wirkungskreislauf** erreicht wird, handelt es sich aus Sicht der Regelungstechnik um eine **Produktionsregelung**.

In Anlehnung an den allgemeinen Wirkungsplan einer Regelung veranschaulicht Bild 3-11 die Wirkungsweise der Produktionsregelung. Analog zu Bild 3-10 ist hier der **"Produktionsregelkreis"** in seine Bestandteile und Funktionselemente zerlegt dargestellt.

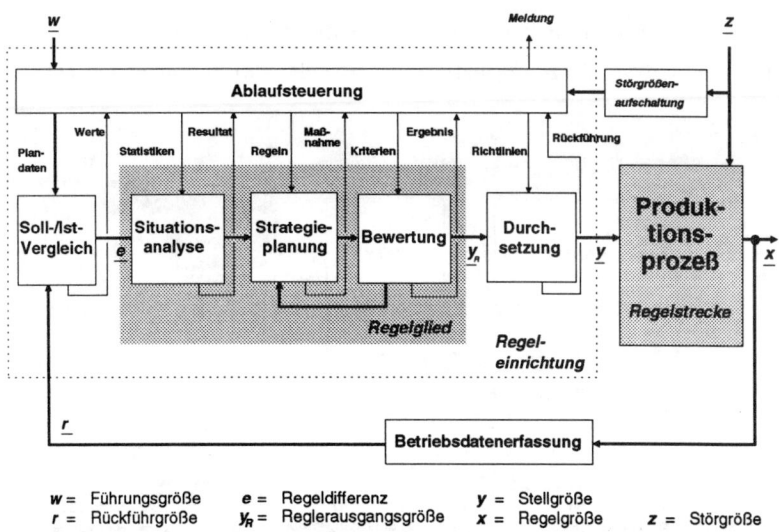

Bild 3-11: Wirkungsplan des Produktionsregelkreises

Das Produktionsprogramm und die Produktionsaufträge mit ihren kennzeichnenden Größen (Mengen, Varianten, Termine etc.) bilden die Führungsgrößen der **Produktionsregeleinrichtung**, deren Funktionsblöcke – wie in Bild 3-11 dargestellt – z.b. von einer internen Ablaufsteuerung koordiniert werden können.

Der Produktionsprozeß ist die zu **regelnde Strecke**. Als **Stellgrößen** wirken auf den Prozeß die steuernden Informationen aus den steuernden (durchsetzenden) Systemen der Produktionsleittechnik (Aufträge, Arbeitspläne, Maschinenbelegungspläne etc.).

Durch verschiedene **Störgrößen** wird der Produktionsprozeß in seinem Verlauf beeinflußt. Die Störgrößen sind nur teilweise direkt meßbar (z.b. Fehlteile, Maschinenausfälle) und können einem Regler daher i.allg. nicht unmittelbar über eine sog. **Störgrößenaufschaltung** zugeführt werden. Die meisten Störungen müssen erst mit Hilfe eines Soll-/Ist-Vergleichs auf der Basis aktueller Betriebsdaten abgeleitet und erkannt werden (z.b. Zeitverzüge).

Die Funktion der **Meßeinrichtung** übernimmt die (automatische) Betriebsdatenerfassung. Permanent werden Daten über den momentanen Zustand und den aktuellen Fortschritt im Produktionsprozeß (**Rückführgrößen**) erfaßt und gespeichert. Die Aufgaben des **Vergleichsglieds** können im Rahmen eines Soll-/Ist-Vergleichs wahrgenommen werden, der Abweichungen des realen Ablaufs von der Planung feststellt (**Regeldifferenz**).

Das **Regelglied** hat die Aufgabe, auf der Basis der Regeldifferenz und der Planvorgaben eine (neue) Strategie festzulegen. Hier muß die vorliegende Situation zunächst genauer analysiert und ggf. Handlungsbedarf erkannt werden. Falls Änderungen an der bisherigen Strategie oder Maßnahmen zur Störfallbehandlung erforderlich sind, muß eine neue Strategie bzw. ein geeignetes Maßnahmenpaket gebildet werden. Anschließend ist die vorgesehene Reaktion bzgl. ihrer Erfolgsaussichten, Nebenwirkungen und Konsequenzen zu bewerten. Falls diese Bewertung zu keinem zufriedenstellenden Ergebnis führt, muß ein weiterer Planungsschritt folgen; ansonsten kann die erarbeitete Strategie als **Reglerausgangsgröße** an das Stellglied weitergegeben werden.

Das **Stellglied** übernimmt die Durchsetzung der Strategie, setzt den Handlungsplan in neue Signale an die Regelstrecke (**Stellgrößen**) um und wirkt damit unmittelbar auf den Produktionsprozeß ein (z.B. über Auftragsfreigabe, -start usw.). Damit schließt sich der Produktionsregelkreis und der Ablauf kann ggf. von neuem beginnen.

3.4.2 Diskreter ereignisorientierter Produktionsprozeß

Im Sinne der Regelungstechnik handelt es sich bei mehrstufigen Produktionsprozessen um sog. **diskrete ereignisorientierte Prozesse** [vgl. VOIG 86], die stark totzeitbehaftet sind (vgl. Kap. 2.2.3). Diese **Totzeiten** entstehen durch die im Prozeß anfallenden, stark schwankenden aktiven und passiven Zeitanteile (z.B. Bearbeitungszeit; Wartezeit, Liegezeit), die bei dem als Beispiel dienenden mehrstufigen Serienproduktionsprozeß in der Größenordnung von wenigen Stunden bis hin zu einigen Tagen liegen.

Bild 3-12 soll die **regelungstechnische Analogie des Produktionsregelkreises** weiter verdeutlichen.

Die im Rahmen der vorliegenden Arbeit angestrebte Produktionsregelung läßt sich gemäß DIN 19225 wie folgt klassifizieren und benennen:

- Bzgl. des **geregelten Objekts** handelt es sich (vorwiegend) um eine **Auftragsregelung**. Die Produktions- und Bereichsaufträge und deren geregelte Abwicklung stehen im Mittelpunkt der Überlegungen.
- Nach der **Art der Regelgrößen** handelt es sich um eine **Termin-/ Mengenregelung**. Die Regelgrößen (Eck-) Termine und Mengen (Auftragsstückzahlen) sind dabei natürlich nicht unabhängig voneinander. Während die für die Durchführung eines Auftrags aufgewendete Zeit aber von Anfang an gemessen werden kann, stehen Informationen über eine produzierte Menge erst kurz vor der Erledigung zur Verfügung. Die beiden Größen sind also gewissermaßen zeitlich entkoppelt.
- Nach dem **geplanten Betriebsmodus** handelt es sich um eine **nicht selbsttätige Regelung**. Es wird im Rahmen dieser Arbeit nicht beabsichtigt,

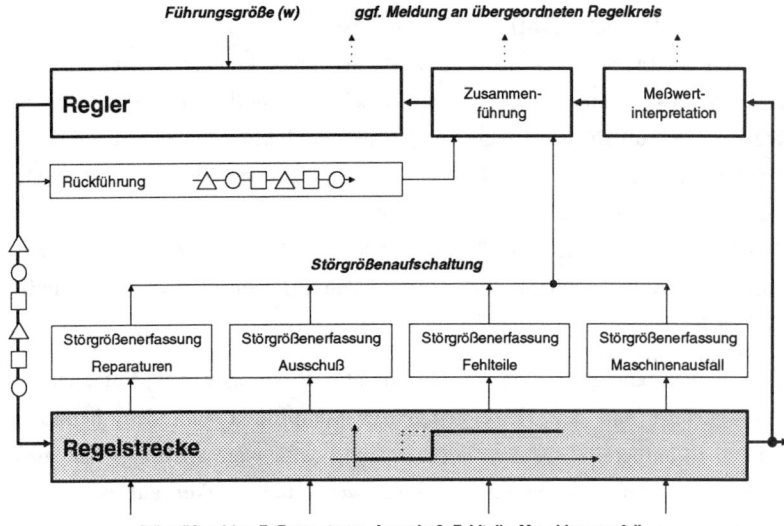

Bild 3-12: Reglermodell für diskrete ereignisorientierte Produktionsprozesse [nach SIEMENS]

einen Algorithmus zu schaffen, der eine Produktion im geschlossenen Regelkreis ohne menschliches Zutun betreibt. Vielmehr wird der Betrieb regelnder Leitsysteme in einem **offenen Regelkreis** angestrebt, wobei diese Systeme einem menschlichen Entscheidungsträger geeignete Informationen verschaffen und ggf. Vorschläge unterbreiten (s.a. Kap. 4 ff.).

3.5 Realisierungsmöglichkeiten regelnder Systeme

Die **Realisierung von Softwaresystemen mit regelnder Arbeitsweise** wird auch im Bereich der Produktionsleittechnik durch die modernen Möglichkeiten der Informationsverarbeitung erleichtert. Nicht nur die enorme **Rechenleistung** heutiger Workstations, sondern auch die verbesserte **Graphikfähigkeit** eröffnet völlig neue Möglichkeiten.

Nachdem heute sogar (Unix-) Workstations mittleren Preisniveaus (Stand 1991: unter 100.000,- DM) eine Rechenleistung zwischen 50 und 100 MIPS (Million Instructions per Second) sowie farbgraphikfähige Bildschirme mit hoher Auflösung und etwa 65.000 gleichzeitig darstellbaren Farben anbieten, können die Aufgaben aus dem Bereich der Produktionsleittechnik zukünftig größtenteils im **Dialogbetrieb** mit solchen Rechnern erledigt werden. Die Notwendigkeit eines nicht nur im dispositiven, sondern auch im operativen PPS-Bereich immer noch häufig anzutreffenden **Batchbetriebs**, bei dem z.b. über Nacht Auftragsscheiben für den nächsten Tag berechnet werden, erübrigt sich dadurch.

Statt dessen könnten zukünftig nahezu alle **Planungen auf Anforderung** durchgeführt und mit Hilfe **geeigneter Graphiken** außerdem benutzer-freundlich aufbereitet werden. Voraussetzung dafür wäre allerdings, daß auch im Bereich der Produktionsleittechnik wesentlich stärker auf **dezentrale Systemarchitekturen mit vernetzten Workstation-Rechnern** gesetzt würde (vgl. Strukturierungskriterien in Kap. 3.2.1).

Die bisherigen Einsatzhemmnisse, wie zu geringe Systemverfügbarkeit, fehlende Standards (z.B. bei Bedienung/Oberfläche) und unzureichendes Angebot geeigneter Applikationen, können als ausgeräumt betrachtet werden. Mit Unix als Betriebssystem sowie einer Benutzeroberfläche unter X-Windows und OSF/Motif haben sich in letzter Zeit Industriestandards herausgebildet, die für Portabilität sorgen, die Benutzung erleichtern und damit die **An-wendung solcher Systeme auch im Produktionsbereich** möglich machen.

Die soft- und hardwareseitigen **Grundvoraussetzungen für eine Produk-tionsregelung** sind damit erfüllt und der im letzten Abschnitt geforderte **geschlossene Wirkungskreislauf** kann auch vom Verarbeitungsaufwand her durchaus bewältigt werden. Für die Realisierung der Produktionsregelung ist jedoch vor allem eine verbesserte **Rechnerunterstützung sämtlicher Aufgaben** aus dem Bereich der Produktionsleittechnik erforderlich.

Die benötigte Entscheidungsunterstützung kann von zusätzlichen, **aufgaben-unterstützenden, graphikfähigen Systemkomponenten** geleistet werden

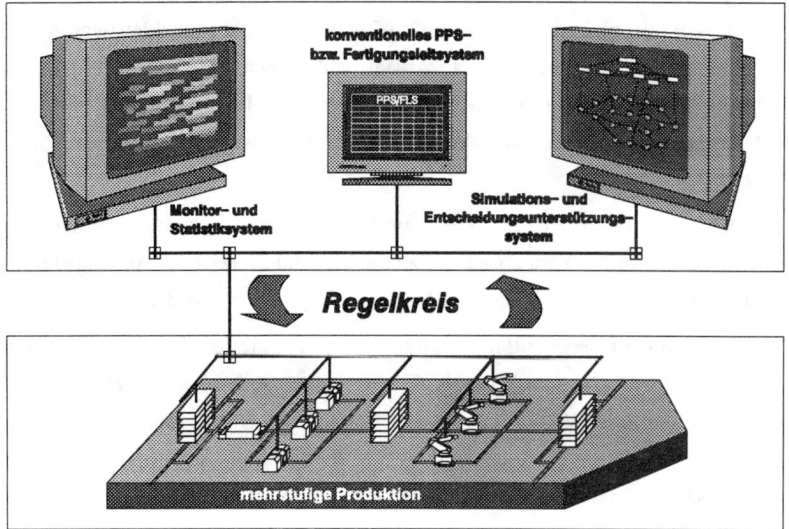

Bild 3-13: Aufgabenunterstützende Komponenten erweitern die Produktions-
steuerung zur -regelung

(Bild 3-13); der dieser Arbeit zugrundeliegende Realisierungsansatz wird in Kapitel 4 ff. noch genauer erklärt.

Die Funktionsweise der EDV-Systeme aus dem Bereich der Produktionsleittechnik und aus deren Umfeld muß zukünftig besser auf eine regelnde Arbeitsweise hin ausgerichtet werden:

- Die **Betriebs- und Maschinendatenerfassung** muß wirklich fortlaufend vollständige Informationen über den momentanen Zustand sowie den aktuellen Fortschritt in allen Bereichen von Produktion und Logistik liefern.

- Eine verbesserte **Betriebsdatenverarbeitung** muß diese Daten in geeigneter Weise verdichten und zu aussagekräftigen Kennzahlen und Statistiken oder neuen Parametern für die Produktionsplanung und -steuerung (vor-) verarbeiten.

- Die **Produktionsplanung** muß besonders im mittel- und kurzfristigen Bereich rein dialogorientiert (auf Anforderung, nicht in Zyklen) und damit zeitnah durchgeführt werden. Anstatt aufsetzend auf z.T. willkürlichen Planzahlen können auf der Basis aktueller Informationen und mit vergangenheitsbezogenen Vergleichsmöglichkeiten realistischere Pläne erstellt werden.

- Im Bereich der **Produktions- und Fertigungssteuerung** müssen die Grundfunktionen Veranlassen, Überwachen und Sichern der Auftragsdurchführung besser unterstützt werden (vgl. Kap. 2.1.2 und 3.1.1):

Das **Veranlassen** sollte situationsbezogen optimiert erfolgen, wodurch Störungen bereits im Vorfeld z.T. vermieden werden können. Hier können beispielsweise Verfahren aus dem Bereich des Operations Research u.U. einen Beitrag leisten (vgl. Kap. 4.3.1). Die für einen Zeitraum auszuwählende Strategie (z.B. das Freigabeverfahren) kann mit Hilfe von Simulationsuntersuchungen zunächst "getestet" und schrittweise verbessert werden. Auch neuere Ansätze, wie neuronale Netze oder sog. genetische Algorithmen, können sich zukünftig in diesem Zusammenhang als nützlich erweisen [KANE 91].

Das **Überwachen** sollte mit Hilfe graphischer Informationsaufbereitungen erleichtert werden. Ein vollständiger und stets aktueller Überblick über das Geschehen in der Produktion ermöglicht schnelle regelnde Eingriffe. Synchron mitlaufende Simulationsmodelle können als Vergleich den Planzustand bzw. den planmäßigen Fortschritt zu jedem Zeitpunkt berechnen (s.a. Kap. 5 u. 6).

Das **Sichern** kann nur dann wirklich effektiv sein, wenn über Systeme zur Entscheidungsunterstützung verläßliche Informationen über Durchführbarkeit und Erfolgsaussichten verschiedener Handlungsalternativen zur Verfügung gestellt werden. Wissensbasierte Expertensysteme können den Entscheidungsprozeß wirkungsvoll unterstützen (s.a. Kap. 7).

4 Konzept eines verteilten Produktionsregelsystems

In Kapitel 4 wird, aufbauend auf dem im letzten Kapitel entwickelten allgemeinen Ansatz, das Konzept für ein im Rechnernetz verteilbares Produktionsregelsystem vorgestellt. Das Regelsystemkonzept wird hier gesamtheitlich entwickelt und in den nächsten Kapiteln mit Bezug zu der als Beispiel dienenden Produktionslinie weiter detailliert. Außerdem wird in diesem Kapitel auf die konzeptionellen Aspekte der datenverarbeitungstechnischen Realisierung kurz eingegangen. Am Ende des Kapitels folgt die genauere Beschreibung einiger funktionsunterstützender Methoden, auf die verschiedene Teile des Systems zurückgreifen.

4.1 Aufbau und Funktionsweise der Produktionsregelung

4.1.1 Erweiterung der PPS zur Produktionsregelung

Die Produktionsregelung verfolgt allgemein das Ziel, über eine situationsbezogen regelnde Arbeitsweise die **Flexibilität, die Effektivität und die Effizienz der Aufgabenausführung** im Rahmen der Produktionsleittechnik zu erhöhen (vgl. Kap. 1.2.3 und 3.1). Eine wirklich situationsangepaßte Führung des Produktionsprozesses sowie schnelle und kompetente Reaktionen auf Störungen und Abweichungen von den Planvorgaben sollen letztendlich dazu beitragen, **gleichmäßige und kurze Durchlaufzeiten bei möglichst niedrigen Beständen** zu erzielen.

Dieses Ziel kann jedoch nur dann erreicht werden, wenn sowohl eine auf größtmögliche Flexibilität ausgerichtete **Organisationsstruktur** als auch eine eng am Produktionsablauf angelehnte, anpassungsfähige **Arbeitsweise** aller Systeme aus dem Bereich Produktionsleittechnik vorgesehen und durchgängig realisiert wird. Bild 4-1 zeigt unterhalb der dispositiven, mittel- bis langfristigen Produktionsplanung eine **hierarchisch gegliederte Architektur der Produktionssteuerung bzw. -regelung**.

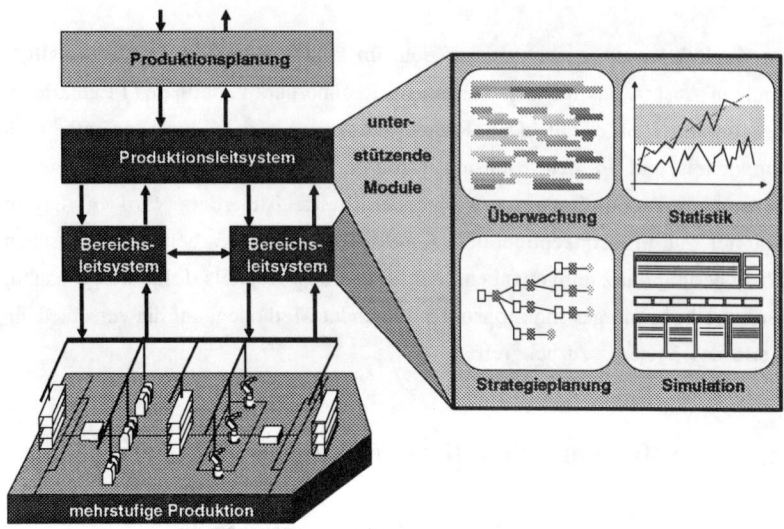

Bild 4-1:   Aufgabenunterstützende Komponenten für regelnde Leitsysteme

Dezentral regelnde Leitstandsysteme übernehmen auf unterschiedlichen Hierarchieebenen (Produktionsleit- bzw. Bereichsleitebene) die situationsbezogen optimierte Führung des Produktionsprozesses. **Aufgabenunterstützende Zusatzmodule** unterstützen das Fachpersonal im jeweiligen Leitstand bei anstehenden Entscheidungen und verhelfen so zu einer regelnden Arbeitsweise.

Diese Module können in Erweiterung bereits eingesetzter, konventioneller EDV-Systeme als informationsaufbereitende **Simulations-, Visualisierungs-, Statistikkomponenten** und/oder als entscheidungsunterstützende, flexible **Strategieplanungskomponenten** realisiert werden (Bild 4-2).

Die **Realisierung einer Produktionsregelung** erfordert keine Neuimplementierung der DV-Verfahren aus dem Bereich der Produktionsleittechnik; der

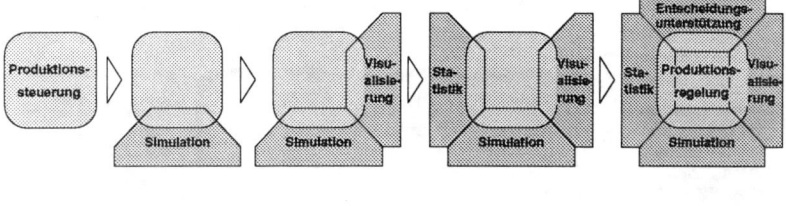

Bild 4-2: Stufenweise Erweiterung der Produktionssteuerung zur Produktionsregelung

Übergang von der bisher üblichen, steuernden Arbeitsweise zu einer echten Regelung der Produktion kann schrittweise erfolgen. Bestehende Systeme können – wenn zumindest die strukturellen und hardwareseitigen Voraussetzungen (vgl. Kap. 3.2.1 und 3.5) erfüllt sind – um spezielle Module zur **Informationsaufbereitung und Entscheidungsunterstützung** ergänzt werden. Damit werden die bisherigen Investitionen geschützt.

Diese Komponenten verschaffen dem Fachpersonal einen jederzeit aktuellen **Überblick** über das Geschehen (Zustand und Fortschritt) in allen Bereichen der Produktion und bieten außerdem **aktive Hilfestellung** bei anstehenden Entscheidungen. Dadurch wird eine situationsangepaßte Arbeitsweise mit zielgerichteten und zeitnahen Reaktionen auf aktuelle Entwicklungen möglich.

Für eine wirksame Unterstützung des Leitstandpersonals sind vor allem folgende Zusatzkomponenten erforderlich (Bild 4-3):

- **Interaktive Monitorsysteme**, die fortlaufend Informationen über den momentanen Zustand und den aktuellen Fortschritt in der Produktion liefern sowie in geeigneter Weise graphisch darstellen. Mit Hilfe schritthaltender Prozeßvisualisierung kann ein verbesserter Gesamtüberblick des Personals und damit eine fundiertere Entscheidungsgrundlage erreicht werden (s.a. Kap. 6.1).

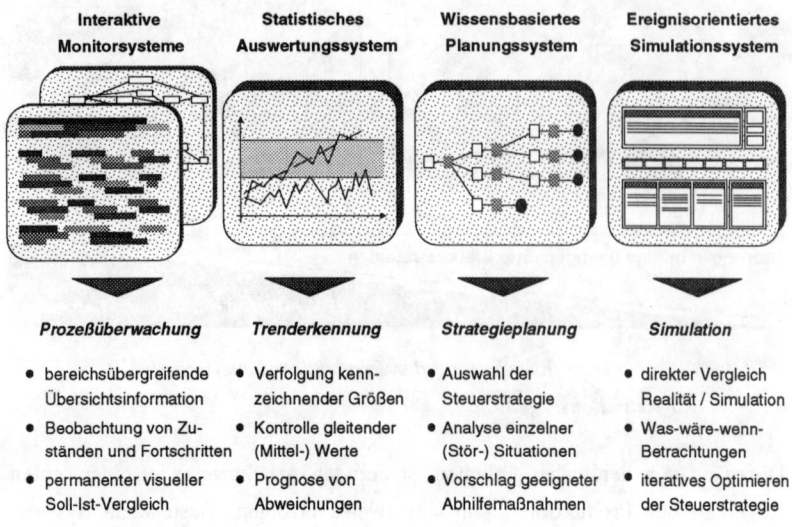

Interaktive Monitorsysteme	Statistisches Auswertungssystem	Wissensbasiertes Planungssystem	Ereignisorientiertes Simulationssystem
ProzeBüberwachung	*Trenderkennung*	*Strategieplanung*	*Simulation*
• bereichsübergreifende Übersichtsinformation	• Verfolgung kennzeichnender Größen	• Auswahl der Steuerstrategie	• direkter Vergleich Realität / Simulation
• Beobachtung von Zuständen und Fortschritten	• Kontrolle gleitender (Mittel-) Werte	• Analyse einzelner (Stör-) Situationen	• Was-wäre-wenn-Betrachtungen
• permanenter visueller Soll-Ist-Vergleich	• Prognose von Abweichungen	• Vorschlag geeigneter Abhilfemaßnahmen	• iteratives Optimieren der Steuerstrategie

Bild 4-3:   Aufgaben der Zusatzkomponenten regelnder Leitsysteme

- **Statistische Auswertungssysteme**, die Informationen zu aussagekräftigen Kennzahlen aufbereiten und damit eine zeitlich geraffte und inhaltlich verdichtete Betrachtung der jüngeren Vergangenheit des Prozesses gestatten. Auf der Basis dieser Kennzahlen und Statistiken können beispielsweise Trendanalysen durchgeführt sowie Prognosen erstellt werden (s.a. Kap. 6.3).

- **Wissensbasierte Expertensysteme**, die zeitkritische Entscheidungs- und Planungsvorgänge z.B. im Bereich der kurzfristigen Fertigungssteuerung aktiv unterstützen. Abgelegtes Expertenwissen aus einer bzw. mehreren System-Wissensbasen hilft bei der Analyse einzelner Situationen sowie bei der Auswahl einer geeigneten Steuerstrategie (s.a. Kap. 7.1).

- **Modellbasierte Simulationssysteme**, die über mehrere Was-wäre-wenn-Betrachtungen ein iteratives Vorgehen bei der Entscheidungsfindung unterstützen. Beabsichtigte Eingriffe und zur Auswahl stehende Handlungsalternativen können mit Hilfe von Simulationsuntersuchungen im voraus überprüft sowie bzgl. ihrer Erfolgsaussichten und Nebenwirkungen bewertet werden (s.a. Kap. 5.1).

4.1.2 Funktionsweise der Produktionsregelung

Die Funktionsweise der Produktionsregelung veranschaulicht Bild 4-4.

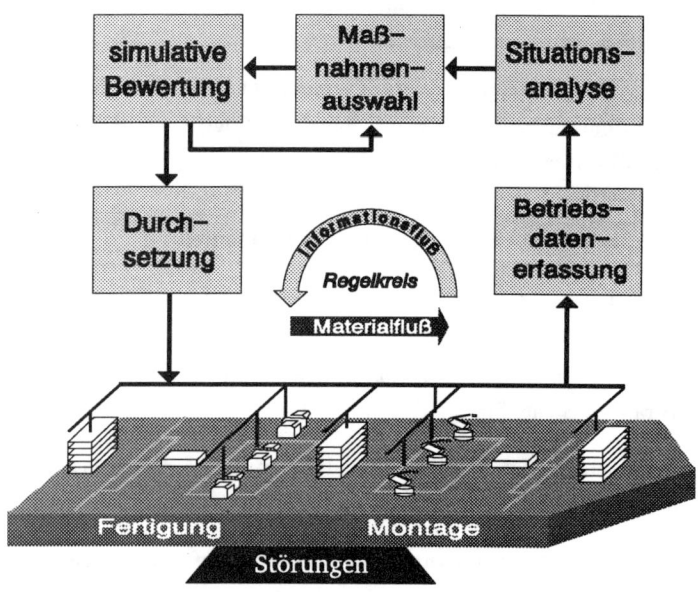

Bild 4-4: Funktionsweise der Produktionsregelung

Der Ablauf basiert auf folgenden Phasen:

- Über eine **Betriebsdatenerfassung** bzw. -verarbeitung werden ereignisorientiert Daten aus dem Produktionsprozeß erhoben, vorverarbeitet und in verdichteter Form gespeichert.

- Aufbauend auf diesen Informationen, die vollständig das Geschehen in Fertigung und Montage widerspiegeln sowie vergangenheitsbezogene Vergleiche erlauben, können einzelne **Situationen genauer analysiert** werden.

- Falls bei einem Soll-/Ist-Vergleich Abweichungen vom geplanten Verlauf festgestellt oder Störungen erkannt werden, muß ein Paket geeigneter **Abhilfemaßnahmen ausgewählt** werden.

- Nach einer **simulativen Bewertung** der verschiedenen Maßnahmen kann entschieden werden, ob ein Maßnahmenpaket entweder direkt eingelastet oder zunächst wieder verworfen werden soll. Im letzteren Fall folgt eine neue Iterationsschleife, d.h. eine andere Alternative wird ausgewählt und in der Simulation untersucht.

- Mit der **Durchsetzung** des erfolgversprechendsten Maßnahmenpakets in der Fertigung bzw. Montage (Regelungseingriff) **schließt sich der Produktionsregelkreis.**

4.1.3   Zusammenwirken der Einzelkomponenten

Bild 4-5 beleuchtet genauer die Rolle der in Kapitel 4.1.1 angesprochenen aufgabenunterstützenden Komponenten innerhalb des Regelungsvorgangs sowie deren Zusammenspiel mit konventionellen Systemen zur Datenerhebung und operativen Steuerung.

Die im Rahmen dieser Arbeit vorgeschlagenen Komponenten lassen sich zu zwei funktionalen Blöcken zusammenfassen:

- **indirekt entscheidungsunterstützende,** informationsaufbereitende und eher passive Komponenten; (Monitor-) Systeme, die für eine visuelle Überwachung und Kontrolle des Produktionsprozesses in graphischer Form Informationen anbieten (s.a. Kap. 6).

- **direkt entscheidungsunterstützende,** aktive Komponenten; z.B. modellbasierte Simulationssysteme (s.a. Kap. 5) oder Experten-systeme, welche selbst kompetent Analysen vornehmen, Handlungs-pläne zusammenstellen und als Ergebnis einen begründeten Strategie- oder Maßnahmenvorschlag unterbreiten können (s.a. Kap. 7).

Die aus einer Datenerhebung resultierenden, verdichteten Zustands- und Fortschrittsinformationen werden über **graphische Monitorsysteme** fortlau-

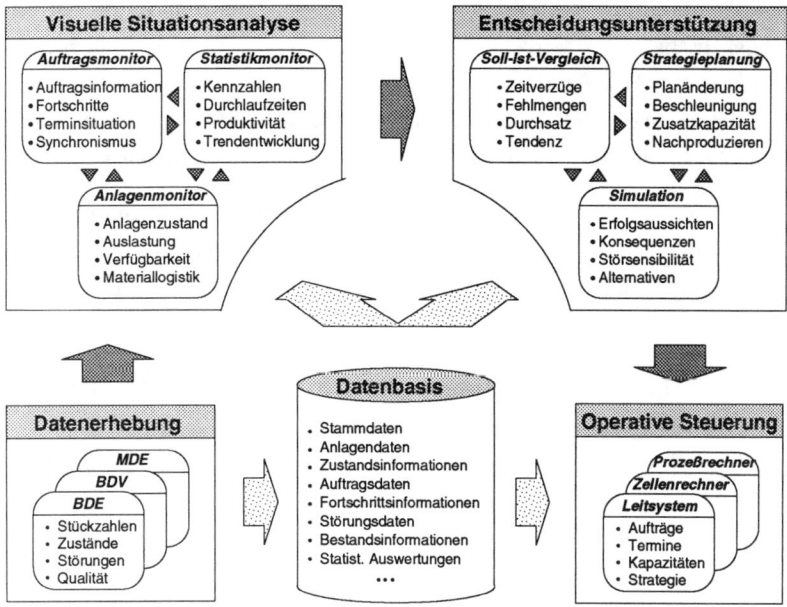

Bild 4-5: *Einsatz aufgabenunterstützender Systemkomponenten bei der Produktionsregelung*

fend ausgegeben. Ein Entscheidungsträger kann diese Informationen zur visuellen Überwachung benutzen. Er wird damit in die Lage versetzt, sich jederzeit einen **Überblick über Anlagenzustände, Materialbestände, Auftragsfortschritte und Kennzahlenverläufe** zu verschaffen. Störungen und sich abzeichnende Entwicklungen können so frühzeitig erkannt und ggf. gegensteuernde Maßnahmen vorbereitet werden.

In Reaktion auf Störungen oder präventiv auf Anforderung durch den Entscheidungsträger können einzelne **Situationen mit Hilfe eines Expertensystems genauer untersucht** und ein Soll-/Ist-Vergleich durchgeführt werden. Die Ergebnisse dieses Vergleichs zwischen Planvorgaben und Realität dienen als Basis für die anschließende **Planung geeigneter Regelungsmaßnahmen**, d.h. für die Planung einer situationsangepaßten Steuerstrategie oder Strategieänderung.

In der Simulation können einzelne **Handlungsalternativen verglichen und objektiv bewertet** werden. Bevor über die durchsetzenden Systeme eine Strategie im Produktionsprozeß tatsächlich umgesetzt wird, können Erfolgsaussichten und mögliche unerwünschte Nebenwirkungen der beabsichtigten Handlungsweise festgestellt und somit Fehlentscheidungen vermieden werden.

Mit Hilfe solcher, **sowohl indirekt als auch direkt entscheidungsunterstützender Systemkomponenten** kann eine flexibel regelnde Arbeitsweise erreicht und somit der Produktionsregelkreis geschlossen werden.

4.2 Datenverarbeitungstechnisches Konzept des Produktionsregelsystems

4.2.1 Komponenten des verteilten Regelsystems

Für den in Kapitel 2.1.4 vorgestellten mehrstufigen Serienproduktionsprozeß wurde im Rahmen dieser Arbeit **exemplarisch ein verteiltes Produktionsregelsystem** entworfen und implementiert (Bild 4-6).

Das im Rechnernetz verteilbare Regelsystem besteht aus **sechs aufgabenunterstützenden Komponenten**, die mittels eines Mechanismus zur Interprozeßkommunikation online miteinander verbunden werden können (zum Aspekt der Verteilung vgl. Kap. 3.2.2 und 8.2). Neben dieser **direkten Verbindung**, über die Ereignisse mitgeteilt sowie Kommandos und Anfragen verschickt werden können, haben die einzelnen Module auch die Möglichkeit, auf **gemeinsame Datenbestände** aus einer relationalen Datenbasis zurückzugreifen (z.B. frühere Simulationsläufe, Stammdaten; s.a. Kap 8.1.2).

Die einzelnen Systemmodule, deren Rolle im Rahmen der Produktionsregelung in den folgenden Kapiteln noch genauer erklärt wird, sind auf **unterschiedlichen Rechnern** ablauffähig, von einander weitgehend **unabhängig** und über die Verteilung der Teilprogramme im Rechnernetz entkoppelt.

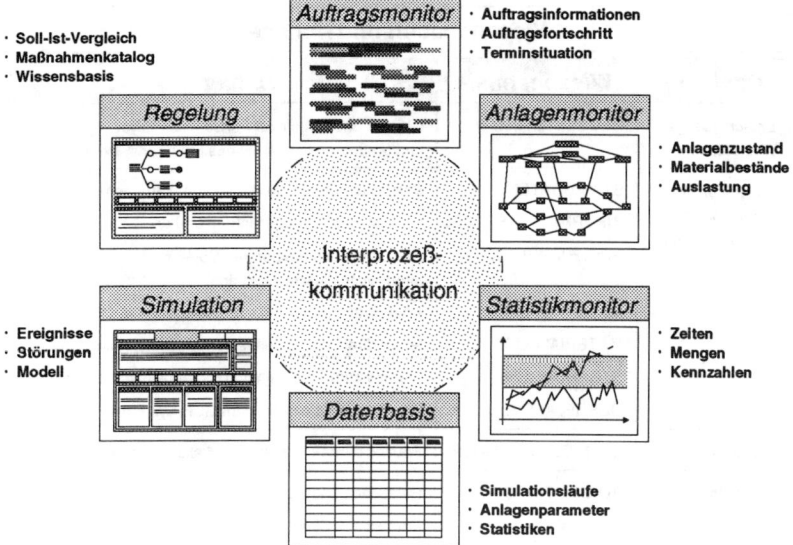

Bild 4-6:   Komponenten des verteilten Produktionsregelsystems

4.2.2   Vorgehensweise bei der Systemrealisierung

Zwei der Systemmodule wurden objektorientiert bzw. wissensbasiert innerhalb einer Entwicklungsumgebung für Expertensysteme (KEE) realisiert (vgl. Kap. 2.4): die **Simulation** mit **Simulator** (Simulationstreiber; vgl. Kap. 8.1.1) und **Simulationsmodell** der als Beispiel dienenden Produktionslinie, sowie das in Bild 4-6 als **Regelung** bezeichnete Expertensystem für die aktive **Entscheidungsunterstützung in Störsituationen**. Bild 4-7 zeigt die Aufteilung der verschiedenen Inhalte auf Wissensbasen innerhalb von KEE.

Für die Realisierung des verteilten Produktionsregelsystems wurde ein stufenweises Vorgehen nach dem sog. **Rapid-Prototyping-Verfahren** [vgl. GAIN 88] gewählt. Bild 4-8 verdeutlicht diese Vorgehensweise; die Monitorsysteme sind im Bild als Visualisierung zu einem Block zusammengefaßt.

Ausgehend von einem **monolithischen Prototypen**, der zunächst die Aufgaben der Simulation, Visualisierung, Regelung und Datenhaltung in

Wissensbasen und -inhalte		
Funktion	**Wissensbasis**	**Inhalt**
Entscheidungs-unterstützung	REGELSYSTEM	Objekte und Regeln für Fortschrittsanalyse und Maßnahmenauswahl des Expertensystems
Simulation von Informations- und Materialfluß	STAMMDATEN	Stücklisten der Produkttypen und -varianten
	INFORMATIONSFLUSS	Frames zum Auftragszentrum und den Leitsystemen
	AUFTRAGSPOOL	Alle Status und temporären Objekte des Informationsflusses (Aufträge)
	MATERIALFLUSS	Frames zu Linien, Puffern, Transporten etc.
	MATERIALPOOL	temporäre Objekte des Materialflusses (Materialpulks)
	STOERUNGEN	Frames zum Erzeugen und Behandeln von Störungen
	OBERFLAECHE	Objekte der Oberflächen im LISP-System
Arbeitszeitmodell	BETRIEBSKALENDER	Frames zum Schichtenmodell aller Bereiche
Simulator	ALLGEMEINES	Relationen und Zufallsgeneratoren
	SIMULATOR	Frames des Simulationstreibers
	FABRIK	Instanzen von Uhr, Simulationskalender und Constraint-Handler
Interprozeß-kommunikation	AUSWERTUNG	Objekte für die Datenkonvertierung
	INTERFACE	Schnittstellenobjekte für das Versenden und Empfangen von Daten über verschiedene LISP-Prozesse

Bild 4-7: Strukturierung der wissensbasierten Systemkomponenten

einem großen Block vereinigt, wird als zweiter Schritt ein **verteiltes System** aufgebaut, das bereits aus mehreren **entkoppelten Einzelkomponenten** besteht. Die Komponenten dieser mittleren Stufe – welche gleichzeitig den im Rahmen der vorliegenden Arbeit erreichten Zustand darstellt – sind bereits vollständig entwickelt.

Jedes Modul besitzt eine individuelle, problemangepaßte Architektur (vgl. Bild 4-8) und stellt auf seinem Teilgebiet einen relativ großen Funktions-umfang zur Verfügung.

Die letzte Stufe und damit das mittelfristige Ziel dieser Entwicklungsarbeiten muß die **Anbindung solcher aufgabenunterstützender Komponenten an im**

Einsatz befindliche PPS- bzw. Fertigungsleitsysteme sein. Durch den Anschluß an diese Systeme, welche direkt einen laufenden Produktionsprozeß steuern, kann der wirtschaftliche Nutzen des Produktionsregelsystems nach einiger Zeit zahlenmäßig belegt und somit der zu investierende Entwicklungsaufwand wirtschaftlich gerechtfertigt werden.

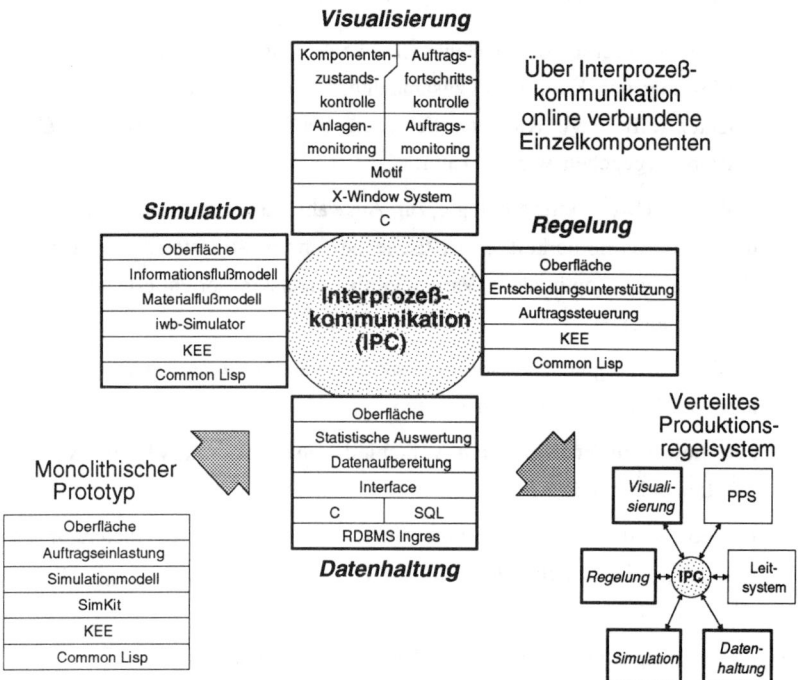

Bild 4-8: Vorgehensweise und Werkzeuge bei der Realisierung des verteilten Produktionsregelsystems

4.3 Funktionsunterstützende Methoden

4.3.1 Situationsbezogene Optimierung der Steuerstrategie

Eine Reihe von Störungen in der Produktion werden durch **veraltete oder mangelhaft situationsangepaßte Pläne** verursacht, die sich – obwohl zunächst korrekt – zum Ausführungszeitpunkt als unzureichend oder nicht mehr durchführbar erweisen [vgl. WARS 81, WILD 83, JORI 90, NOLT 90]. Eine wesentliche Voraussetzung für die reibungslose Abwicklung aller Aufträge stellt daher die **situationsbezogene Optimierung der kurzfristigen Feinplanung bzw. der Steuerstrategie** dar. Situationsbezogene Optimierung der Steuerstrategie bedeutet in diesem Zusammenhang, daß

- ein aus mehreren Zielgrößen (z.B. bzgl. Durchlaufzeiten, Beständen, Auslastung; vgl. Kap. 2.1.1) zusammengesetztes und mit Einschränkungen belegtes (z.B. bzgl. Kundenpräferenzen, beschränkten Ressourcen) **Zielsystem** vorgegeben werden kann,

- **mehr als eine Steuerstrategie** zur Auswahl stehen und anwendbar sein muß (Konfigurierbarkeit: heuristische oder prioritätsgesteuerte Verfahren, Freigabe nach optimalem Variantenmix, Belastungsorientierte Auftragsfreigabe etc.),

- für die Strategieentscheidung **hinreichende Informationen** über die aktuelle Situation vorliegen müssen,

- ein **bewertender Vergleich** verschiedenener Alternativen im voraus möglich sein muß (z.B. mit Hilfe der Simulation),

- für jede Strategie geeignete (von situationsspezifischen Randbedingungen abhängige) **Optimierungsverfahren** zur Verfügung stehen [vgl. DÖRK 73] und daß

- der Planungslauf insgesamt **im Dialog** bewältigbar sein muß, bzw. daß trotz der kombinatorischen Problematik der Rechenaufwand sich in engen Grenzen halten muß (Antwortzeit < einige Minuten).

Bestehende **kurzfristige Pläne** der Auftragssteuerung (z.B. Auftragsreihenfolgen) können vor jedem Zugriff **überprüft und situationsbezogen angepaßt** werden. Das bedeutet aber, daß u.U. bei jeder Auftragseinlastung oder -freigabe alle Auftragsscheiben neu gebildet werden müssen.

Das Hauptproblem bei Reihenfolgeoptimierungen bildet die "**kombinatorische Explosion**" **des Lösungsraums** mit steigender Anzahl an Aufträgen und Nebenbedingungen (Restriktionen). Weil der **Lösungsraum** (Anzahl aller möglichen Reihenfolgen) mit der **Fakultät** der Zahl einzuordnender Aufträge anwächst, kann bei einer **Vollenumeration** (Berechnung sämtlicherer Möglichkeiten) ab einer bestimmten Anzahl von Aufträgen kein akzeptables **Antwortzeitverhalten** mehr erzielt werden. Die Grenze liegt nach im Rahmen dieser Arbeit angestellten Untersuchungen bei etwa 15 Aufträgen, was 15! = $1,3 * 10^{12}$ möglichen Reihenfolgen entspricht.

Als Ausweg bieten sich **suboptimale Verfahren** an, die nicht alle Möglichkeiten berechnen und die daher anstatt des absoluten Optimums lediglich eine **suboptimale Lösung** finden. Wie Untersuchungen gezeigt haben, berechnen auch solche Verfahren mit begrenztem (einstellbarem) Rechenaufwand sehr gute Lösungen, die sich vom absolut erreichbaren Optimum nur unwesentlich unterscheiden und somit völlig ausreichend sind; z.b. Entscheidungsbaumverfahren, **heuristische und simulative Verfahren** [vgl. WEDE 89, EICH 90, KUPE 91]. Zukunftsträchtige Ansätze stellen in diesem Zusammenhang auch **evolutionäre Suchalgorithmen** (sog. genetische Algorithmen) oder **selbstlernende Systeme** dar (z.B. Expertensysteme mit Wissenserwerbskomponente; neuronale Netze) [s.a. MERT 90, KANE 91].

4.3.2   Feingliederung des Auftragsdurchlaufs

Defizite beim **Detaillierungsgrad** und der **Genauigkeit** der kurzfristigen Feinplanung stellen für die Produktionsregelung ein Problem dar. Erst eine deutlich über die grobe Ermittlung von Auftragseckterminen (Start-/Fertigstellungstermin) hinausgehende "**hochauflösende**" **Planung** des Produktionsauftragsdurchlaufs ermöglicht im Rahmen der Produktionsregelung eine **präzise Überwachung und Kontrolle** der Auftragsabwicklung.

Der Auftragsdurchlauf muß in **definierte Zeitabschnitte und Phasen** gegliedert werden, die bzgl. ihrer voraussichtlichen Dauer geplant und über diese Planwerte später zur Kontrolle herangezogen werden können. Innerhalb der Durchlaufzeit werden somit **detaillierte Untersuchungen des Auftrags-**

fortschritts ermöglicht und sich abzeichnende Zeitverzüge können bereits frühzeitig erkannt werden.

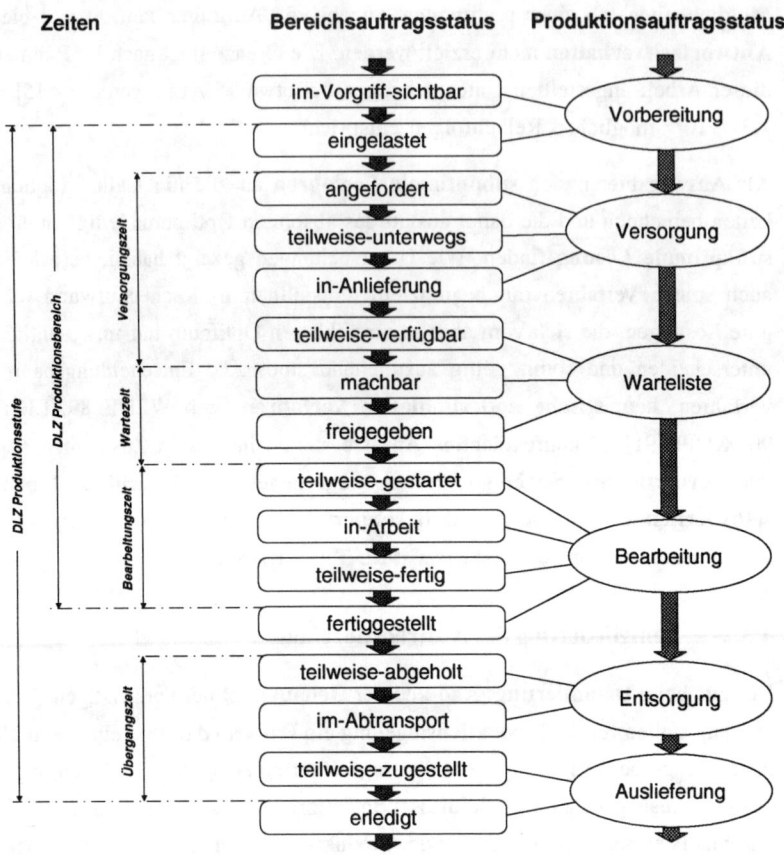

Bild 4-9: Auftragsstatus-"Automat" für Bereichs- und Produktionsaufträge

Bild 4-9 verdeutlicht diese **detailliertere Betrachtungsweise der Auftrags-abwicklung** für den als Beispiel dienenden Serienproduktionsprozeß anhand einzelner Zustände (Status), die von jedem Bereichsauftrag – ähnlich einem endlichen Automaten – durchlaufen werden müssen. Jeder Status beschreibt

Auftragsstatus		
Fortschritts-phase	**Bereichsauftrags-status**	**Bedeutung**
VORBEREITUNG	im-Vorgriff-sichtbar eingelastet	• Auftrag existiert als unver-bindliche Information • Auftrag ist an den Bereich weitergegeben
VERSORGUNG	angefordert teilweise-unterwegs in-Anlieferung	• Material wird bei liefernder Stelle angefordert • Teilmenge aller Ausgangs-materialien ist unterwegs • Material ist vollständig im Antransport
WARTELISTE	teilweise-verfügbar machbar freigegeben	• erste Teilmenge der Ausgangsmaterialien ist da • festgelegter Prozentsatz aller Materialien ist da • Material vorhanden plus Freigabe durch das Leitsystem
BEARBEITUNG	teilweise-gestartet in-Arbeit teilweise-fertig fertiggestellt	• erste Teilmenge geht in Bearbeitung • letzte Teilmenge ist in Bearbeitung • erste Teilmenge ist fertiggestellt • Auftrag ist vollständig abgearbeitet
ENTSORGUNG	teilweise-abgeholt im-Abtransport	• erste Teilmenge wird abtransportiert • Material ist vollständig im Abtransport
AUSLIEFERUNG	teilweise-zugestellt erledigt	• erste Teilmenge ist am Ziel angekommen • Auftrag ist vollständig am Ziel abgeliefert

Bild 4-10: Bedeutung einzelner Auftragsstatus

dabei eindeutig den **aktuellen Auftragsfortschritt**; die Bedeutung der einzelnen Status erklärt Bild 4-10.

Weil zu jedem Produktionsauftrag mehrere Bereichsaufträge gehören (vgl. Kap. 2.1.4 und 5.4) sind zur Informationsverdichtung jeweils mehrere

Bereichsauftragsstatus einer **Fortschrittsphase** zugeordnet, welche in den Status des übergeordneten Produktionsauftrags eingeht. Ein solchermaßen **hierarchisch gegliedertes Auftragsstatuskonzept** erlaubt auf allen Ebenen der Informationsverarbeitung eine angemessen grobe bzw. detaillierte Verfolgung und Kontrolle des Auftragsdurchlaufs – auch wenn mehrere verschiedene Systeme zeitlich parallel oder sequentiell beteiligt sind (Arbeitsteiligkeit).

An den **Zustandsübergängen** (Ereignissen) lassen sich jeweils Zeiten festmachen, die sowohl vorausschauend geplant (Soll) als auch abwicklungsbegleitend überwacht (Ist) werden können. Für einen **auftragsbezogenen Soll-/ Ist-Vergleich** steht damit eine ausreichende Anzahl von Ereignissen zur Verfügung, welche zur **Initiierung** des Vergleichs und zur Berechnung der zu **vergleichenden Zeiträume** verwendet werden können.

Mit einer derart detaillierten Gliederung der Produktionsauftragsabwicklung in einzelne **Fortschrittsphasen und Zustände** wird erreicht, daß vor allem in den frühen Phasen der Auftragsabwicklung, wo meist noch keine meßbaren Größen (produzierte Menge etc.) vorliegen, eine Beurteilung des Auftragsfortschritts möglich wird. Es existieren auf diese Weise jederzeit **Vergleichszeiträume** (z.B. aktuelle Planung, Zeiten früherer Aufträge), die eine kompetente Einschätzung des aktuellen Fortschritts und damit das **frühzeitige Erkennen von Planabweichungen** (Verspätungen) erlauben.

4.3.3 Initiierung von Vergleichsoperationen

Für das sichere und frühzeitige Erkennen von Störungen und Planabweichungen ist neben der permanenten Überwachung einiger besonders signifikanter Größen (z.B. Belegung von Engpaßmaschinen) eine zyklische **Überprüfung der Gesamtsituation** erforderlich.

Die momentanen Zustände der Anlagenkomponenten und der aktuelle Fortschritt aller Aufträge müssen im Rahmen eines öfter **wiederholten Soll-/Ist-Vergleichs** mit den entsprechenden Plandaten verglichen werden. Die Voraussetzung für diese Soll-/Ist-Vergleiche sind aussagekräftige und ausreichend detaillierte **Statuskonzepte für Anlagenkomponenten und Aufträge** (vgl.

letzten Abschnitt). Diese Komponenten- und Auftragszustände müssen im Rahmen der Betriebsdatenerfassung fortlaufend und nach Möglichkeit automatisch erfaßt werden und bilden dann eine Basis für das **rechnergestützte Erkennen von Abweichungen.**

Neben der anhand dieser **Zustände** ableitbaren Übersichtsinformationen sind im Rahmen der Produktionsregelung die **Zustandsübergänge** von besonderem Interesse. Der Übergang einer Komponente oder eines Auftrags in einen neuen Zustand kann als **Ereignis** interpretiert, automatisch registriert (z.B. über sog. Watchdog-Prozesse) und als **Auslöser für eine rechnergestützten Soll-/Ist-Vergleich** verwendet werden (Bild 4-11).

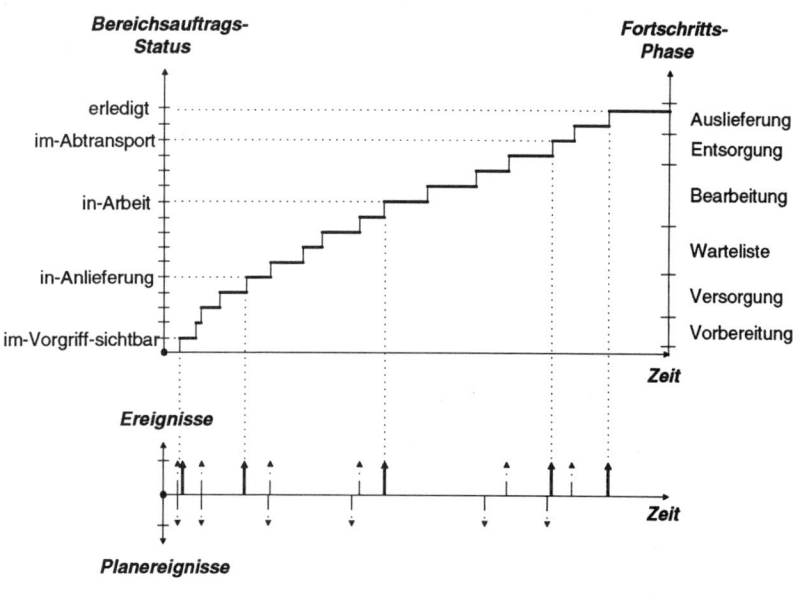

Bild 4-11: *Anstoß des Soll-/Ist-Vergleichs durch geplante und reale Zustands-übergänge eines Auftrags*

Jede Vergleichsoperation kann prinzipiell auf vier verschiedene Arten ange-stoßen werden:

- Bei der **manuellen** bzw. **personalen** Initiierung wird eine Operation zu einem beliebigen Zeitpunkt vom Benutzer eingeleitet (auf Anforderung).

- Bei der **ereignisgesteuerten** Initiierung wird die Operation (automatisch) von einem Ereignisse aus dem realen Prozeß angestoßen. Dies hat den Vorteil, daß die beabsichtigte Operation **zeitlich so bald wie möglich** (nämlich sofort) durchgeführt wird. Der Nachteil dieser Vorgehensweise ist, daß ein Ausbleiben des Ereignisses zunächst nicht bemerkt wird, und damit u.U. überhaupt **keine Reaktion** erfolgt.

- Bei der **intervallgesteuerten** Initiierung wird die Operation zyklisch an den Ablauf eines Zeitintervalls gekoppelt. Dies hat den Vorteil, daß die beabsichtigte Operation **regelmäßig und auf jeden Fall ausgeführt** wird. Der Nachteil dieser Vorgehensweise ist, daß der Zeitpunkt der Ausführung im Einzelfall u.U. ungünstig ist und unnötig **Zeit seit dem Eintreffen eines wichtigen Ereignisses verloren** wird.

- Bei der **zeitpunktgesteuerten** Initiierung wird die Operation für einen vorher festgelegten Zeitpunkt eingeplant und dann zeitgerecht gestartet. Dies hat den Vorteil, daß die beabsichtigte Operation zu einem **geeigneten Referenzzeitpunkt** angestoßen werden kann, für den notwendige Plan-daten als Vergleichswerte vorliegen. Der Nachteil dieser Vorgehensweise ist, daß auch in diesem Fall ggf. unnötig Zeit bei der Bearbeitung eines Ereignisses verloren wird.

Die Zeit des Ablaufens eines Intervalls läßt sich dabei auch als Planzeitpunkt interpretieren; zeitpunkt- und intervallgesteuerte Initiierung können deshalb auch als **planereignis- bzw. zeitgesteuerte Initiierung** zusammengefaßt werden. Theoretisch sind sogar sämtliche Behandlungsweisen von Ereignissen und Zeitrepräsentationen äquivalent und können ineinander übergeführt werden [ALLE 84]: Beispielsweise könnte einzelnen Ereignissen – im Gegensatz zu der in dieser Arbeit verwendeten zeitlosen Definition – eine

Dauer zugeordnet werden, woraus sich im hier zugrundegelegten Sinn ein Intervall ergeben würde.

Im Rahmen der Produktionsregelung können am besten **alle obigen Alternativen kombiniert** zur Kontrolle des Produktionsprozesses eingesetzt werden. Dadurch lassen sich die Vorteile der verschiedenen Vorgehensweisen kombinieren, ohne gleichzeitig die Nachteile in Kauf nehmen zu müssen. Ein **optimal zeitnaher und erfolgversprechender Soll-/Ist-Vergleich** kann demnach erreicht werden, wenn:

- **ereignisgesteuert** jeder (Komponenten-/Auftrags-) Zustandsübergang eine geeignete Überprüfung bzgl. Korrektheit und Rechtzeitigkeit auslöst,

- **zeitpunktgesteuert** für jede vorliegende Planinformation die entsprechenden aktuellen Daten abgefragt und verglichen werden (z.B. Auftragseicktermine),

- **intervallgesteuert** anhand von Kennzahlen regelmäßig die Situation in ihrer Gesamtheit (z.B. Durchsatz, Bestandssituation, Qualität) überprüft wird und

- **manuell** zusätzliche Untersuchungen eingeleitet werden können.

Bild 4-12 zeigt Ergebnisse und Berechnungsmodi eines solchen Soll-/Ist-Vergleichs. Die **Vergleichsergebnisse** sind dabei als Vektor zusammengefaßt, der im Sinne der Regleranalogie aus Kapitel 3.4 die **Regeldifferenz** und damit die Ausgangsdaten für eine wissensbasierte Situationsanalyse darstellt (s.a. Kap. 7.2.3).

Verglichen werden können sowohl Kenngrößen, die sich auf Betriebsmittel oder Bereiche beziehen (**anlagenbezogen**) als auch **auf einzelne Aufträge bezogene** Größen, die einen Überblick über Zustand bzw. Fortschritt eines Auftrags liefern. Auf der Basis dieser Informationen kann zunächst vor allem festgestellt werden, ob alles "normal" verläuft bzw. ob überhaupt **Handlungsbedarf** besteht. Falls eine Störung oder eine signifikante Abweichung von

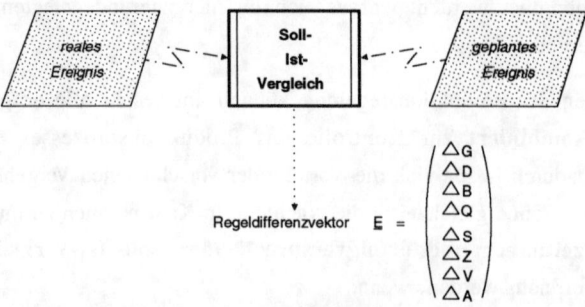

Kriterien		Bedeutung
	Gesamtmengendifferenz	$\triangle$G = aufgelaufene Gesamtmenge ./. berechnete plangemäße Menge
anlagen-bezogen	Durchsatzdifferenz	$\triangle$D = gleitende Mengendifferenz pro Zeitfenster ./. geplanter Durchsatz
	Bestandsdifferenz	$\triangle$B = gegenwärtige Bestandsmenge ./. Planbestand
	Qualitätsdifferenz	$\triangle$Q = Qualität pro Zeitfenster ./. planmäßige Qualität
	Statusdifferenz	$\triangle$S = momentaner Auftragsstatus ./. berechneter Soll-Status
auftrags-bezogen	Zeitdifferenz	$\triangle$Z = bisher aufgewendete Zeit ./. berechnete planmäßige Zeit
	Verfügbarkeitsdifferenz	$\triangle$V = gegenwärtige Materialverfügbarkeit ./. geplante Verfügbarkeit
	Auftragsmengendifferenz	$\triangle$A = produzierte Auftragsstückzahl ./. berechnete Soll-Stückzahl

Bild 4-12: Initiierung und Ergebnisse des Soll-/Ist-Vergleichs

der Planung vorliegt, kann anschließend über weitere Aktionen entschieden werden (vgl. Kap. 7).

5 Modellbasierte Simulation von Informations- und Materialflüssen

In Kapitel 5 werden unter Bezugnahme auf das im letzten Kapitel entwickelte Produktionsregelungskonzept die Einsatzmöglichkeiten modellbasierter Simulation erklärt. Es wird eine systemtechnische Beschreibung der als Beispiel dienenden Produktionslinie entwickelt und die Abbildung dieser Beschreibung auf ein ereignisorientiertes Simulationsmodell vorgestellt. Am Ende des Kapitels wird die im Zentrum der Regelungsüberlegungen stehende Auftragsabwicklung anhand des Simulationsmodells behandelt.

5.1 Simulation als Hilfsmittel der Produktionsregelung

Während die Simulationstechnik sich bei der Fabrik- und Anlagenplanung oder -auslegung mittlerweile deutlich etabliert hat [vgl. AMAN 90, HART 90], werden sinnvolle Anwendungsmöglichkeiten während **Inbetriebnahme und Betrieb von Produktionsanlagen**, beispielsweise im Bereich der Produktionsleittechnik, bisher kaum genutzt (Bild 5-1) [vgl. EVER 88, WEDE 89, WIEN 89a, MILB 91b].

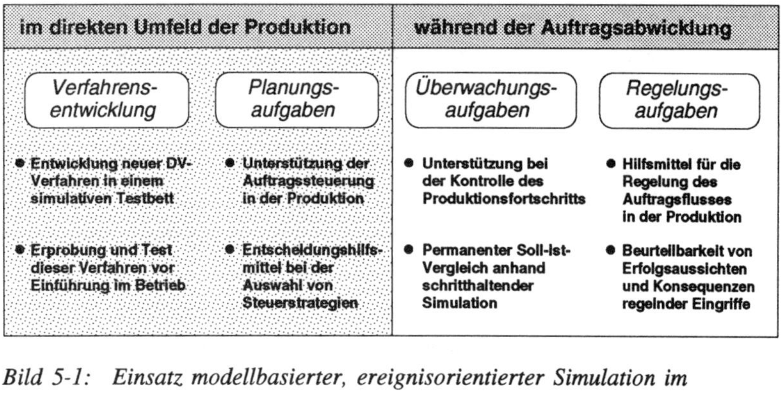

im direkten Umfeld der Produktion		während der Auftragsabwicklung	
Verfahrens-entwicklung	Planungs-aufgaben	Überwachungs-aufgaben	Regelungs-aufgaben
• Entwicklung neuer DV-Verfahren in einem simulativen Testbett	• Unterstützung der Auftragssteuerung in der Produktion	• Unterstützung bei der Kontrolle des Produktionsfortschritts	• Hilfsmittel für die Regelung des Auftragsflusses in der Produktion
• Erprobung und Test dieser Verfahren vor Einführung im Betrieb	• Entscheidungshilfs-mittel bei der Auswahl von Steuerstrategien	• Permanenter Soll-Ist-Vergleich anhand schritthaltender Simulation	• Beurteilbarkeit von Erfolgsaussichten und Konsequenzen regelnder Eingriffe

Bild 5-1: Einsatz modellbasierter, ereignisorientierter Simulation im Rahmen der Produktionsleittechnik

Im Rahmen der Produktionsregelung kann die Simulation vor allem für anschauliche **"Was-wäre-wenn"-Betrachtungen** und zur Verbesserung der **Entscheidungskompetenz des Personals** genutzt werden, z.B. in einem EDV-gestützten, regelnden Leitstand (Bild 5-2).

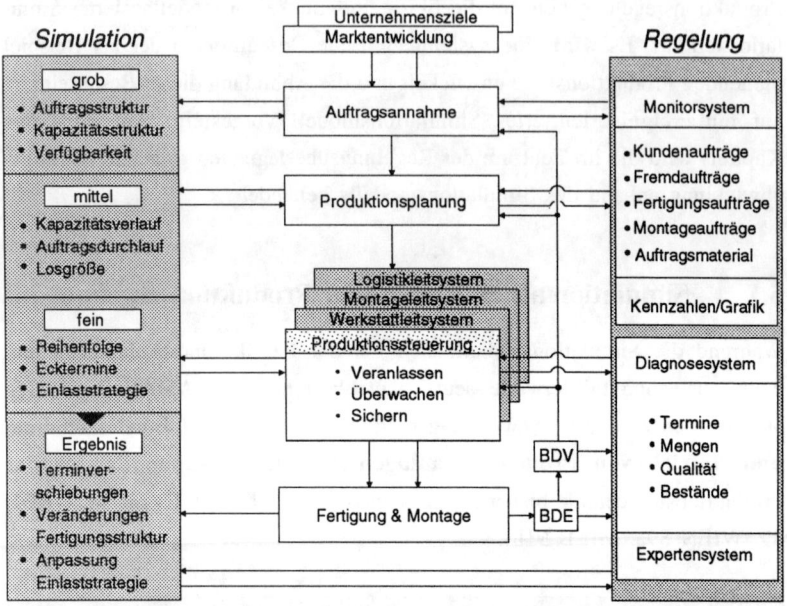

Bild 5-2: Produktionssteuerung mit Simulations- und Regelungsunterstützung [in Anlehnung an WIEN 86]

In Verbindung mit weiteren indirekt und direkt **entscheidungsunterstützenden Systemen** (z.B. Monitor-/Diagnosesysteme; vgl. Kap. 4.1) liefert die Simulation einen wesentlichen Beitrag zur **Optimierung der Produktionssteuerung**. Sie erleichtert nicht nur den Überblick über die statische Struktur eines komplexen Produktionsprozesses, sondern macht den Prozeß auch in seinem **dynamischen Verhalten** transparent, das für einen Menschen sonst nur schwer zu überblicken ist.

In Zusammenhang mit der Produktionsregelung sind vor allem folgende, voneinander weitgehend unabhängige **Einsatzmöglichkeiten der Simulation** von Bedeutung:

- **Entwicklungsumgebung** und Software-Testbett,
- **Überwachung und Kontrolle** des Produktionsfortschritts,
- **Prognose** sich abzeichnender Situationen und Entwicklungen,
- Unterstützung der **Strategieplanung und Maßnahmenauswahl**.

Bereits beim Entwurf und während der Implementierung von Verfahren und Systemen zur Regelung der Produktion können geeignete Simulationsmodelle als **Entwicklungsumgebung** bzw. als **Testbett für die Softwareentwicklung** dienen. Die entwickelten Softwaresysteme sind dabei an ein Simulationsmodell angeschlossen, das die Rolle des realen Produktionsprozesses übernimmt und alle Signale und Ereignisse realitätsgetreu (ggf. zeitlich gerafft) erzeugt. Ohne den wirklichen Produktionsablauf zu gefährden, bestehen auf diese Weise während der Realisierungsphase einer Systementwicklung komfortable Möglichkeiten für das Implementieren und Testen, die ohne simulative Entwicklungsumgebung nur eine online-Verbindung zum realen Prozeß bieten würde. Dieser Gesichtspunkt hat besonders bei der **Entwicklung ereignisorientierter Verfahren** – wie dieser Produktionsregelung – erhebliche Bedeutung, weil in diesem Fall nicht zeitlich entkoppelt über weitgehend statische Datenbestände mit anderen Systemen kommuniziert werden kann; für ereignisgesteuerte Verfahren wird eine Folge zeitabhängiger Ereignisse (aus dem Prozeß bzw. der Simulation) benötigt, welche den beteiligten Systemen jeweils auch unmittelbar bekannt gemacht werden müssen (vgl. Kap. 4.3.3).

Bei der **Überwachung und Kontrolle eines laufenden Produktionsprozesses** kann die Simulationstechnik einen wesentlichen Beitrag leisten, indem ein Simulationsmodell synchron (ohne Zeitraffung und zufallsgenerierte Schwankungen) neben dem realen Prozeß betrieben wird und den **der Planung entsprechenden Zustand** berechnet. Während aus der Planung lediglich für einige diskrete Zeitpunkte und Sachverhalte Soll-Werte hervorgehen, ermöglicht dieses sog. **Beobachterverfahren** [vgl. BACH 88] durch vollständige Berechnung der "plangemäßen Soll-Situation" die **permanente Kontrolle** des Produktionsfortschritts über einen einfachen Vergleich zwischen dem **Stand in der Realität** (Ist) **und dem in der Simulation** (Plan/Soll). Verspätungen können so bereits frühzeitig erkannt und regelnde Maßnahmen eingeleitet werden. Um ausreichenden Realitätsbezug sicherzustellen, muß in diesem Fall das Simulationsmodell immer wieder mit aktuellen Entwicklungen gespeist und dadurch **mit der Realität aufsynchronisiert** werden. Schritthaltend mit dem realen Verlauf müssen alle Eingriffe in den Produktionsprozeß sowie Rückmeldungen aus diesem sofort in das Simulationsmodell einfließen, was gegenwärtig u.a. aufgrund mangelhafter Offenheit und fehlender realzeit-fähiger Schnittstellen der verfügbaren Simulatoren und Simulationsmodelle Probleme bereitet.

Auch zur Abschätzung von **in der näheren Zukunft bevorstehenden Entwicklungen (Prognose)** kann die Simulation herangezogen werden. Ein geeignetes Simulationsmodell wird in diesem Fall mit bestehenden Plänen sowie den Daten der vorliegenden Situation initialisiert. Beginnend bei dieser aus dem realen Produktionsprozeß über die Erfassung aller wesentlichen Daten abgegriffenen Situation kann das Simulationsmodell die zu erwartenden **Ereignisse und Situationen vorausschauend berechnen** und so die Erfolgs-aussichten und Auswirkungen von Entscheidungen bereits im voraus ver-deutlichen. Dieser "Blick in die Zukunft" des Prozesses kann allerdings nur dann genügend realistisch sein, wenn dem Simulationsmodell zuvor ausreichend detailliert das Verhalten der Wirklichkeit aufgeprägt worden ist, d.h. wenn auch unvorhersehbare Störungen und sonstige unregelmäßig auf-tretende Einflußfaktoren berücksichtigt werden können (z.B. über zuschaltbare Zufallsgeneratoren).

Während der **Planung einer kurzfristigen Steuerstrategie** und beim Zusammenstellen von **Handlungsplänen zur Störungsbekämpfung** kann die Simulation ebenfalls eingesetzt werden. Sie ermöglicht ein **iteratives Vorgehen** bei der Entscheidungsfindung (Trial-and-Error-Verfahren). Verschiedene zur Auswahl stehende Alternativen können in der Simulation zunächst untersucht und bzgl. der zu erwartenden Erfolgsaussichten und Konsequenzen anschaulich und objektiv bewertet werden, bevor anschließend die erfolgversprechendste Variante in die Tat umgesetzt wird. Simulationsuntersuchungen erhöhen in diesem Fall also die Entscheidungskompetenz des Fachpersonals und damit die Genauigkeit sowie den Erfolgsgrad der Produktionssteuerung (Bild 5-3). Aus dieser simulationsgestützten Entscheidungsfindung ergeben sich **optimierte Handlungspläne**; es handelt sich also um ein simulatives Optimierungsverfahren für die Strategieplanung (vgl. Kap. 4.3.1).

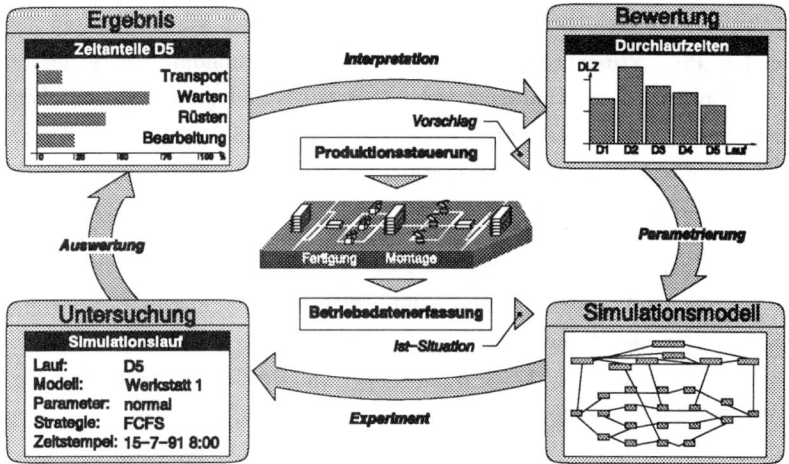

Bild 5-3: Iterative Optimierung der Steuerstrategie mit Hilfe der Simulation

Ereignisorientierte, modellbasierte Simulation stellt daher das wichtigste Hilfsmittel während Entwicklung und Betrieb von Produktionsregelsystemen dar.

Das im Rahmen der vorliegenden Arbeit entwickelte wissensbasierte Simulationsmodell ist hauptsächlich auf die beiden Anwendungsschwerpunkte

- **Entwicklungsumgebung** für die übrigen Komponenten des Produktionsregelsystems (Software-Testbett) und

- **iterative Planung und Optimierung** von Störfallstrategien (aktive Entscheidungsunterstützung)

zugeschnitten.

5.2 Systemtechnische Beschreibung der Produktionslinie

5.2.1 Informations- und Materialflußstruktur

Voraussetzung für Simulationsuntersuchungen im Rahmen der Produktionsleittechnik ist die **Abbildung von Informations- und Materialflüssen** des realen Produktionsprozesses auf ein Simulationsmodell sowie dessen Validierung. Diese Abbildung von statischer Struktur und dynamischem Verhalten des zu untersuchenden Prozesses auf ein Simulationsmodell setzt wiederum eine **systemtechnische Beschreibung der Realität** voraus, welche in abstrahierter Form die Anlage und deren Verhalten festhält (vgl. Kap. 2.2.1).

Bild 5-4 zeigt die systemtechnische Beschreibung in Form eines Modells der in Kapitel 2.1.4 vorgestellten mehrstufigen Serienproduktionslinie. Betrachtet wurde dabei der **Informationsfluß** aus dem Bereich der mittel- und kurzfristigen Produktionssteuerung (Produktions- und Bereichsleitebene) sowie der **Materialfluß**. Das Modell ist hierarchisch aufgebaut; Informationen fließen im wesentlichen **vertikal** (z.B. zwischen Linien und Leitsystemen) während der Materialfluß **horizontal** organisiert und unidirektional auf den Versand hin ausgerichtet ist.

Im **Informationsflußbereich** setzt sich das systemtechnische Modell aus folgenden Komponenten zusammen:

- Das **Produktionsleitsystem** bildet die Systemgrenze des Modells gegenüber den übrigen im PPS-Bereich des Werkes vorhandenen DV-Verfahren (Kundenauftragsklärung, langfristige Materialdisposition etc.; vgl. Kap. 2.1.4). Es nimmt bereichsübergreifende Aufgaben (Terminierung, Koordination) wahr, verwaltet die eingehenden Produktionsaufträge wäh-

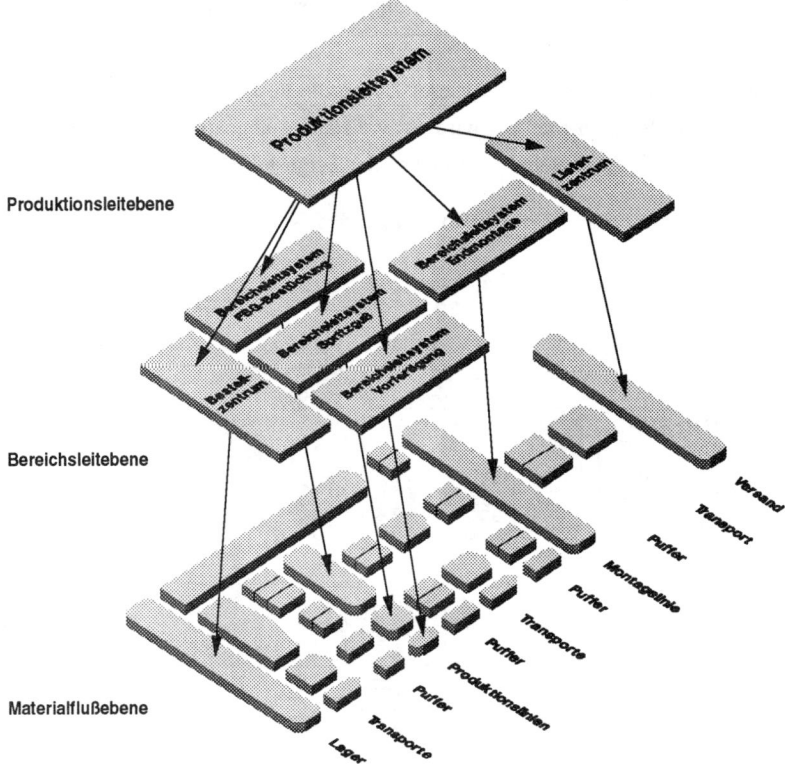

Bild 5-4: Systemtechnisches Modell der mehrstufigen Produktionslinie

rend der Auftragsbearbeitung und lastet entsprechende (Bereichs-) Aufträge in die verschiedenen Bereichsleitsysteme ein.

- Das **Bestellzentrum** dient auf der Bereichsleitebene als eingangsseitige Modellgrenze. Hier werden für das Lager Materialabrufe und -reservierungen der einzelnen produzierenden Bereiche verwaltet.

- Die **Bereichsleitsysteme** übernehmen für die produzierenden Bereiche die lokalen, bereichsinternen Aufgaben der Fertigungssteuerung. Diese Leitsysteme stellen Auftragsscheiben zusammen und veranlassen zu einem

geeigneten Zeitpunkt die Bearbeitung an den Fertigungs- oder Montagelinien des jeweiligen Bereichs.

- Das **Lieferzentrum** ist auf dieser Ebene die ausgangsseitige Schnittstelle
des Modells. Von hier aus wird für vollständig abgearbeitete Produktionsaufträge die Auslieferung (Versand) der hergestellten Produkte veranlaßt.

Die **Struktur der Materialflußebene** des systemtechnischen Modells
verdeutlicht Bild 5-5.

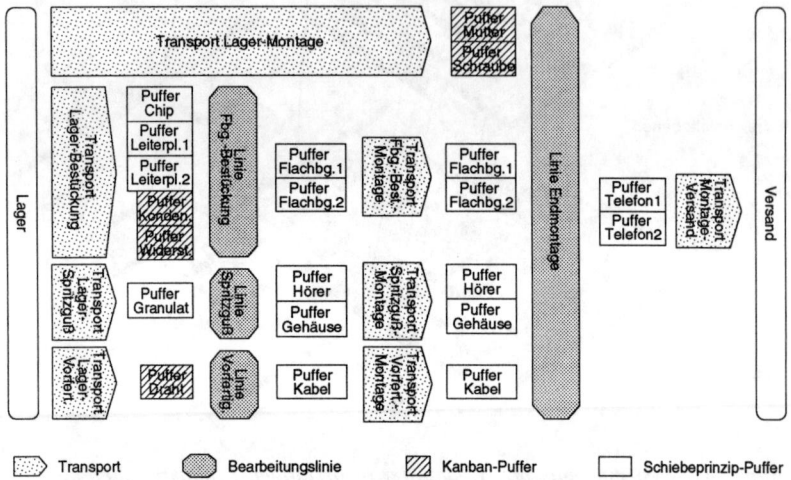

Bild 5-5: Komponenten der Materialflußebene des systemtechnischen Modells

Als Modellgrenzen fungieren auf dieser Ebene eingangsseitig das **Lager** und
ausgangsseitig der **Versand**. Die Herstellung des Produktes erfolgt in zwei
Produktionsstufen; **Transport**e stellen jeweils vor den **Bereichen der ersten
Stufe** (Vorfertigung, Spritzguß und Flachbaugruppenbestückung; vgl. Kap.
2.1.4), zwischen den Stufen und nach der **zweiten Produktionsstufe** (Endmontage) die nötigen Verbindungen her. Material wird temporär in zwei
verschiedenen Sorten von Puffern zwischengespeichert:

- in **Kanban-Puffern**, die **verbrauchsgesteuert** bei Unterschreiten eines Mindestbestands selbständig eine festgelegte auftragsneutrale Materialmenge (sog. Zwei-Behälter-Prinzip) anfordern und

- in **Schiebeprinzip-Puffern**, die **bedarfsgesteuert** mit auftragsbezogenem Material versorgt werden, d.h. in denen Material lagert, das zuvor explizit für einen Bereichsauftrag reserviert und angefordert worden ist.

Bearbeitungslinien sorgen in jedem Bereich für das getaktete Abarbeiten der Bereichsaufträge und stellen dabei aus dem Material ihrer Eingangspuffer Module und (Zwischen-) Produkte her, die sie in ihren jeweiligen Ausgangspuffern ablegen. Dort wird das Material durch einen Transport abgeholt, transportiert und in einem folgenden Eingangspuffer bzw. beim Versand abgeliefert.

Gesteuert werden die **aktiven Komponenten der Materialflußebene** (Linien, Transporte) vom **übergeordneten Informationsfluß**, d.h. von den assoziierten Leitsystemen auf Bereichsleitebene. Von diesen Systemen gehen diejenigen Informationen und Signale aus, die alle Materialflußvorgänge steuern und regeln; steuernde Signale sind beispielsweise Auftragsfreigaben, Materialabrufe und Transportanweisungen.

5.2.2 Produktspektrum

Auch **Stücklisten und Arbeitspläne** des in einer Produktionsanlage hergestellten Produktspektrums können als **systemtechnische Beschreibung** aufgefaßt werden. Im Gegensatz zu der im letzten Abschnitt behandelten **Beschreibung der Produktionslinie**, gilt sie jedoch einem Teil der **Grunddaten der Linie**, welche ebenfalls betrachtet werden müssen.

Die Darstellung in Bild 5-6 gibt Aufschluß über **Aufbau und Zusammensetzung** der verschiedenen Produkttypen und -varianten, die auf der Produktionslinie hergestellt werden (Stückliste). Die im Verlauf des Herstellungsprozesses auftretenden Materialien und (Zwischen-) Produkte sind durch **Mengenbeziehungen** miteinander verknüpft. Die Ausgangsmaterialien gehen

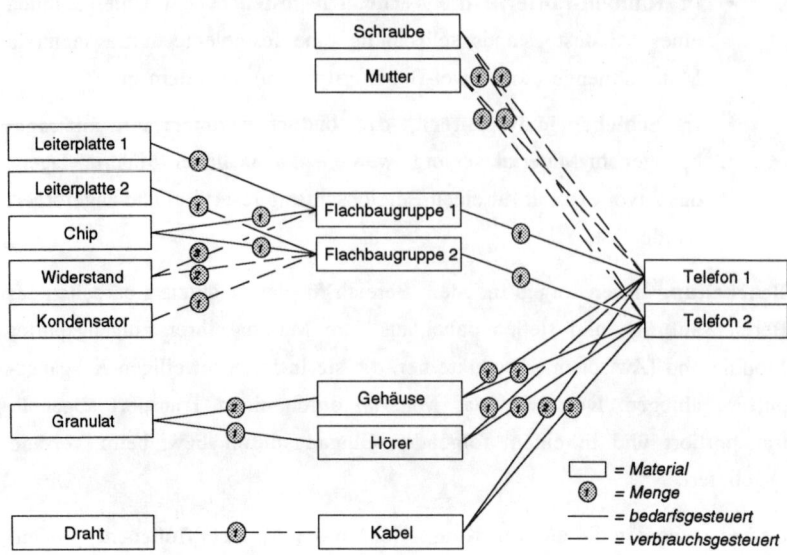

Bild 5-6: Systemtechnische Beschreibung des Produktionsspektrums anhand einer Strukturstückliste

jeweils im angegebenen Mengenverhältnis in die nächsthöhere Veredelungs-stufe ein. Außerdem ist jeder Materialsorte ein **Versorgungsprinzip** zugeordnet, das angibt, nach welchem Verfahren das Material bezogen werden kann (Zieh-/Schiebeprinzip; vgl. Kap. 5.2.1).

5.3 Objektorientiertes Simulationsmodell der Produktionslinie

5.3.1 Simulationsmodell für Informations- und Materialfluß

Weil systemtechnische Beschreibungen stark auf **Abstraktion, hierarchischer Strukturierung** und Beschreibung einer Anlage als **Summe von Einzelobjekten** basieren (vgl. Kap. 2.2.1), liegt eine Implementierung als Simulationsmodell mit Hilfe der KI-Softwaretechnik Objektorientierte Programmierung nahe (vgl. Kap. 2.4.2).

Bild 5-7 zeigt das Layout des **ablauffähigen Simulationsmodells**, das aus dem in Kapitel 5.2.1 vorgestellten **systemtechnischen Modell** entstanden ist.

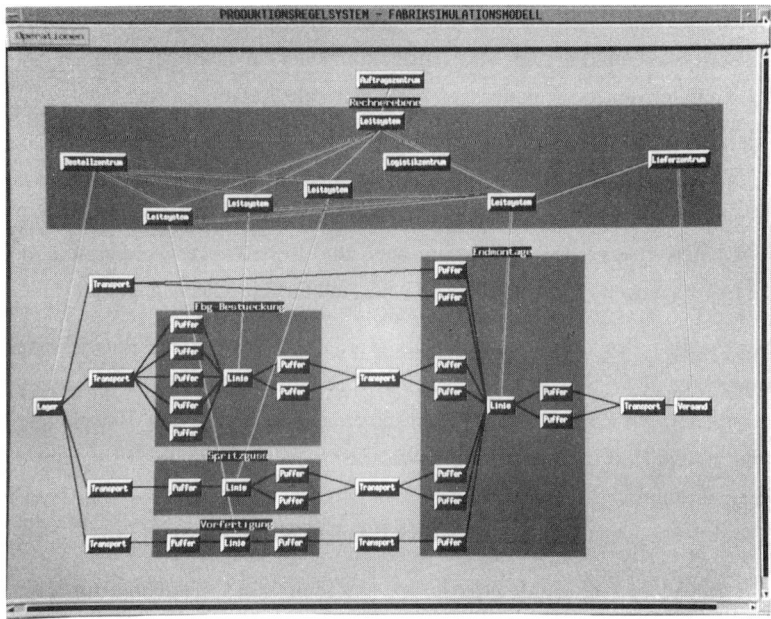

Bild 5-7: Struktur des objektorientierten, wissensbasierten Simulationsmodells

Die **Struktur dieses objektorientierten Simulationsmodells** entspricht fast vollständig der systemtechnischen Beschreibung der Produktionslinie. Die Leitsysteme der Produktionsleit- und Bereichsleitebene wurden im Simulationsmodell als **Rechnerebene** zu einem Bereich zusammengefaßt (in Bild 5-7 oben als grau hinterlegter Block). Zur Steuerung der Transporte wurde ein **Logistikleitsystem** eingeführt, und das Produktionsleitsystem wird von einem zusätzlich modellierten **Auftragszentrum** mit Aufträgen versorgt.

Alle Komponenten des Simulationsmodells haben **informations- und/oder materialflußtechnische Verbindungen** zu anderen Modellobjekten (in Bild 5-7 als helle bzw. dunkle Striche erkennbar):

- **Vertikale (Informationsfluß-) Relationen** sind diejenigen Verbindungen, über welche die Auftragseinlastung sowie alle Rückmeldungen abgewickelt werden. Informationsflußrelationen verbinden vertikal die aktiven Bestandteile der Materialflußebene (z.B. Linien, Transporte) mit den **zuständigen Leitsystemen**. Passive Materialflußkomponenten (Puffer) kommen ohne explizite Steuerung und daher ohne vertikale Relationen aus.

- **Horizontale Relationen** existieren sowohl auf der Rechnerebene als auch im Materialfluß. Sie stellen sog. Vorgänger-/Nachfolgerrelationen dar, welche auf der Rechnerebene **Bestellwege** und im Materialflußbereich **Transportwege** repräsentieren; über die Bestellwege werden von den einzelnen Leitsystemen Material und Halbfertigprodukte angefordert.

Der Aufbau des Simulationsmodells wurde mit Hilfe einer Entwicklungsumgebung für wissensbasierte Systeme (KEE) **durchgehend objektorientiert** realisiert (vgl. Kap. 2.4.1). Die einzelnen Komponenten der Beispielfabrik sind als Objekte in verschiedenen Wissensbasen abgelegt. Bild 5-8 zeigt die Realisierung der Materialflußebene des Modells in Form eines sog. Frames (Objektbaumes) innerhalb der entsprechenden Wissensbasis.

Alle Einzelobjekte des Materialflusses sind in diesem Objektbaum zur **Klasse der Produktionskomponenten** zusammengefaßt, die in verschiedene Unterklassen aufgeteilt ist (Linien, Puffer etc.). Allen Objekten (Klassen und Einzelobjekten) des Baumes sind **Attribute** zugewiesen, die sowohl die **statischen Eigenschaften** als auch das **dynamische Verhalten** der Komponenten festlegen. Gemeinsame Eigenschaften erhalten (gleichartige) Objekte von ihrer Klasse vererbt (z.B. Attribut "Taktzeit" bei Linien, "Inhalt" bei Puffern; s.a. Kap. 2.4.2).

Wesentliches Kennzeichen des im Rahmen dieser Arbeit entwickelten Simulationsmodells ist die objektorientierte Abbildung von **Material- und Informationsfluß** der Produktionslinie. Bild 5-9 zeigt den Objektbaum der

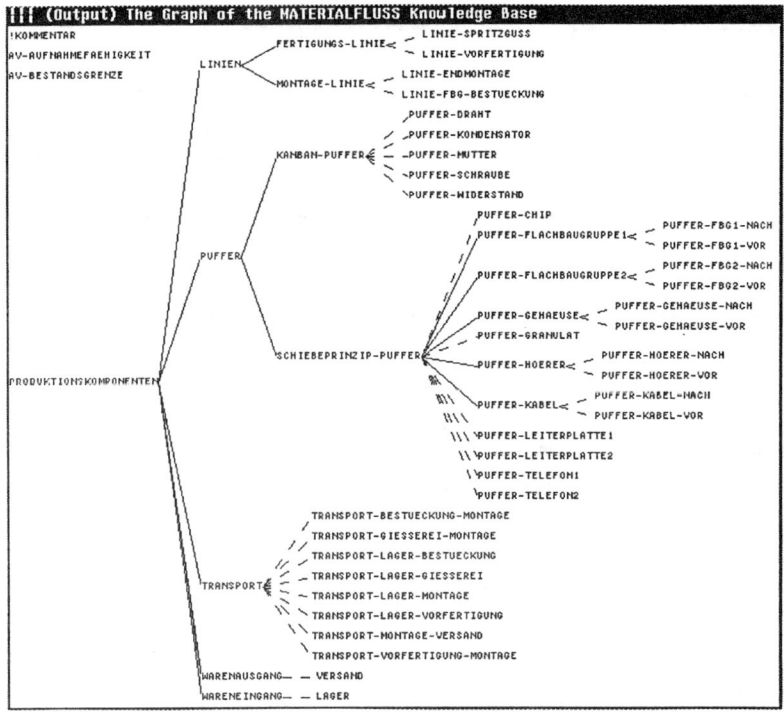

Bild 5-8: Hierarchischer Objektbaum des Materialflußmodells

Rechnerebene des Simulationsmodells; die Leitsysteme aus Produktionsleit- und Bereichsleitebene des in Kapitel 5.2.1 vorgestellten systemtechnischen Modells finden sich hier wieder.

Zusätzlich zu diesen strukturbildenden, **statischen Modellbestandteilen,** den Produktionskomponenten und Leitsystemen, werden zur Laufzeit dynamisch weitere, **temporäre Objekte** generiert, die in Form von **Aufträgen und Materialpulks** durch die simulierte Produktionslinie fließen. Dadurch werden auch **Informationen** und **Material** in der Simulation für wissensbasierte Untersuchungen im Rahmen der Produktionsregelung direkt als Objekte zugreifbar. Zu jedem Simulationszeitpunkt können beispielsweise Attribute

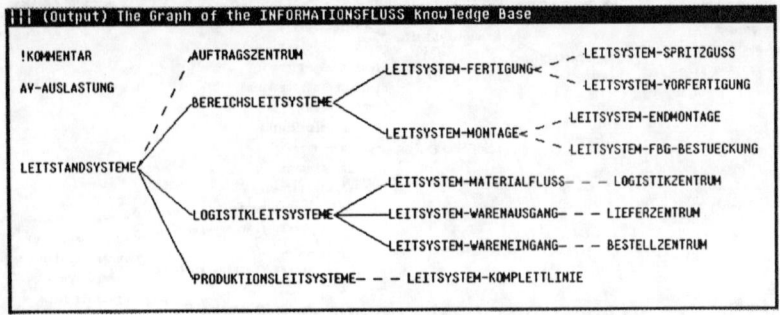

Bild 5-9: Hierarchischer Objektbaum des Informationsflußmodells

eines Materialpulks (Materialtyp, Stückzahl, Ort etc.) oder Auftrags (Stückzahl, Variante etc.) eingesehen bzw. verändert werden.

Die gewählte Implementation des **Simulationsmodells innerhalb einer
Expertensystemshell** ermöglicht die Integration mit weiteren wissensbasierten
Komponenten, ohne daß eigens Schnittstellen geschaffen werden müßen. Alle
wissensbasierten Systemkomponenten können innerhalb derselben Umgebung
(in KEE) ablaufen und daher zu jedem (Simulations-) Zeitpunkt problemlos
auf Wissensbasen und Zustandsdaten des Simulationsmodells zurückgreifen.

So kann z.B. das in Kapitel 7 vorgestellte **Expertensystem zur Störfallbehandlung** direkt die Simulation ansprechen, um für verschiedene Strategien
zur Störfallbehandlung anhand des Simulationsmodells die zu erwartenden
Nebenwirkungen und Erfolgsaussichten zu untersuchen.

5.3.2 Ereignisgesteuerter Simulationsablauf

Alle statischen und dynamischen Objekte des Simulationsmodells tragen
Eigenschaften, die in ihrer Summe den augenblicklichen **Zustand des
Modells** vollständig beschreiben. **Zustandsübergänge** werden ereignis-
orientiert vom Simulationstreiber angeregt und mit Hilfe des Versendens von
Nachrichten innerhalb des Modells abgearbeitet (Message Passing; vgl. Kap.
2.4.2, 2.3.3 und 8.1.1). Der Ablauf der Simulation setzt sich aus einer Reihe

von (zeitlosen) **Ereignissen** zusammen, die auf das Simulationsmodell einwirken und dort Zustandsänderungen hervorrufen.

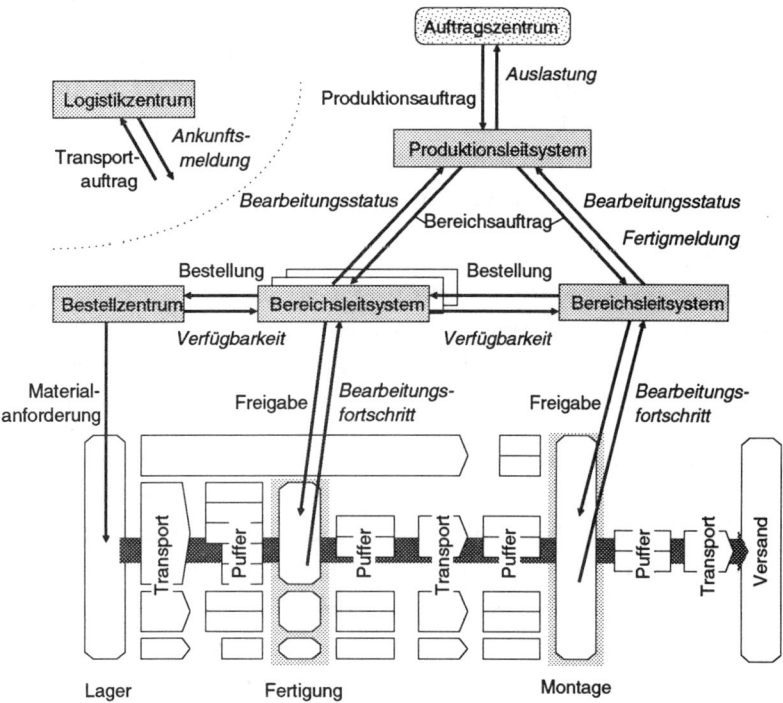

Bild 5-10: Ereignisgesteuerter Ablauf der Simulation

Bild 5-10 verdeutlicht den **ereignisgesteuerten Ablauf** anhand eines schematisierten Modellausschnitts; ein kurzes Beispiel soll diesen Ablauf deutlich machen:

> Das Produktionsleitsystem erhält zu Beginn vom Auftragszentrum einen **Produktionsauftrag** und erzeugt daraufhin **mehrere Bereichsaufträge** für die verschiedenen Bereichsleitsysteme. Zu einem geeigneten Zeitpunkt wird von den Bereichsleitsystemen **Material** für den Auftrag angefordert.

Sobald eine ausreichende Menge Material verfügbar ist, erfolgt die **Auftragsfreigabe**. Nach dem **Auftragsstart** wird in einem getakteten Vorgehen Material aus den Eingangspuffern entnommen; es verstreicht eine **Bearbeitungszeit** und das (Zwischen-) Produkt wird – ebenfalls getaktet – im Ausgangspuffer abgelegt.

Während des Ablaufs wird jeder Zustandsübergang an die zuständigen Leitsysteme rückgemeldet (z.B. Wechsel eines Auftragsstatus, Fertigmeldung). Alle **Zustandsübergänge** sind als **Ereignisse** realisiert, die über Nachrichten zwischen den verschiedenen Modellobjekten ausgelöst werden.

Ereignisse im (simulierten) Prozeß liegen bei dieser Art der Simulation **explizit** vor und an bestimmte Zustandsübergänge können daher direkt **Aktionen** gebunden werden; der in Kapitel 4.3.3 angesprochene **ereignisorientierte Soll-/Ist-Vergleich** läßt sich so sehr einfach automatisch initiieren.

Diese **objekt- und ereignisorientierte** Realisierung des Simulationsmodells ist in Zusammenhang mit der Produktionsregelung von großer Bedeutung, weil das Verhalten der Realität sehr wirklichkeitsgetreu nachgebildet und studiert werden kann. Im Gegensatz zu der bereits heute häufig in Werkstattleitsysteme integriert angebotenen Art der Simulation, welche eher eine Proberechnung mit bestimmten Restriktionen darstellt (z.B. Berechnung konsistenter Kapazitätsbelegungen; vgl. Kap. 1.2.2), kann hier der **zeitliche Ablauf im Informations- und Materialflußbereich** detailliert nachvollzogen und für genauere Untersuchungen beispielsweise jederzeit angehalten werden.

5.3.3 Stochastische Modellierung realen Verhaltens

Der Einsatz modellbasierter Simulation zielt im Rahmen der Produktionsregelung auf einen **realitätsnahen Probebetrieb der Anlage** ab [vgl. WIEN 90].

Obwohl bei jeder Modellierung das reale Verhalten **zunächst abstrahiert** und anschließend **vereinfacht abgebildet** wird, muß das fertige Simulationsmodell in den wesentlichen Punkten ein **wirklichkeitsnahes Verhalten** zeigen.

Ausreichende Übereinstimmung von simulierten und realen Abläufen kann in Simulationsmodellen durch das **Einbeziehen von Schwankungen** sowie **zufällig auftretenden Störungen** hergestellt werden (Bild 5-11).

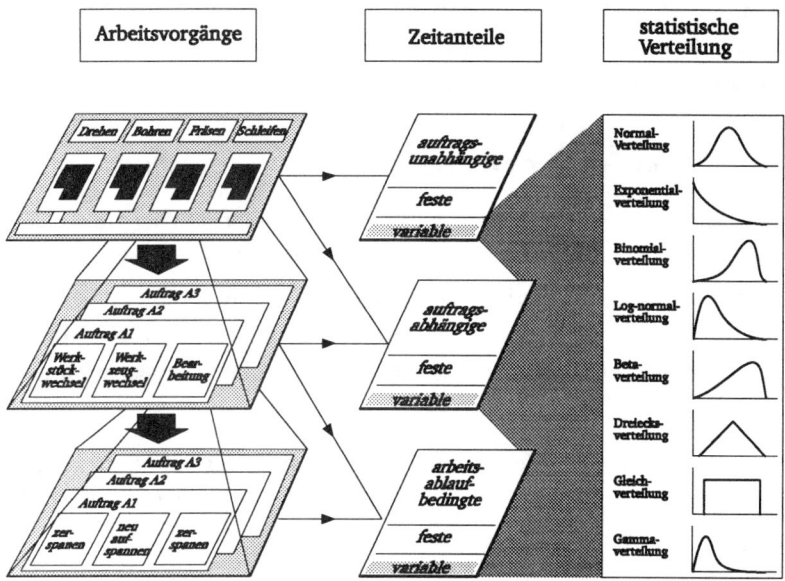

Bild 5-11: Statistische Streuung variabler Zeitanteile der Durchlaufzeit [nach THOM 90]

Statistische Schwankungen der **variablen Durchlaufzeitanteile**, deren Verteilung aus den Betriebsdaten früherer Perioden u.U. abgeleitet werden kann, lassen sich z.T. auf bevorstehende Zeiträume übertragen. Diese Erfahrungswerte können über **Zufallsgeneratoren unterschiedlicher Verteilungsfunktion** modelliert und in Simulationsuntersuchungen einbezogen werden. Nach mehreren Versuchen kann so eine **wirklichkeitsnahe Vorstellung** über bevorstehende Abläufe und Situationen gewonnen werden.

Der Einfluß der Zufallsgeneratoren muß dabei jedoch kontrollier- und überschaubar bleiben. Zuschaltbare Generatoren ermöglichen es, wahlweise **mit und ohne stochastische Einflüsse** Untersuchungen anzustellen (vgl. Kap. 2.3.3). So kann nicht nur – ohne Schwankungen – der planmäßige Verlauf in der Simulation verdeutlicht werden; mittels verschiedener Zufallsverteilungen können auch **Sensitivitätsanalysen** durchgeführt und die Störungsempfindlichkeit an verschiedenen Stellen innerhalb des Prozesses studiert werden (z.B. wechselnde Engpässe).

5.3.4 Statusorientierte Zustandsanzeige

Alle Aufträge durchlaufen im Simulationsmodell während ihrer Abwicklung eine Reihe von **Zuständen**, welche zu jedem Zeitpunkt den **erreichten Fortschritt** eindeutig beschreiben (vgl. Kap. 4.3.2). Außer Produktions- und Bereichsaufträgen besitzen im Simulationsmodell auch die **Modellkomponenten** (Linien, Puffer etc.) einen Status, der ihren **aktuellen Zustand** kennzeichnet.

Bild 5-12 zeigt die objektorientierte Realisierung der einzelnen **Linien-, Puffer- und Auftragsstatus** in einer Wissensbasis des Simulationsmodells; der Objektbaum ist alphabetisch sortiert.

Die in Bild 5-13 abgebildete Simulationsoberfläche zeigt die **Auftragsscheiben** aus den Leitsystemen des Simulationsmodells mit den **aktuellen Status** der verschiedenen Produktions- und Bereichsaufträge. Die **Auftragsstatus** erlauben die **Überwachung und Kontrolle** des Auftragsfortschritts während der Simulation. Nach jedem auftretenden Zustandsübergang eines Auftrags wird der erreichte Status unmittelbar angezeigt; der zugehörige (Simulations-) Zeitpunkt wird umgerechnet auf Realzeit ausgegeben (im Bild oben rechts).

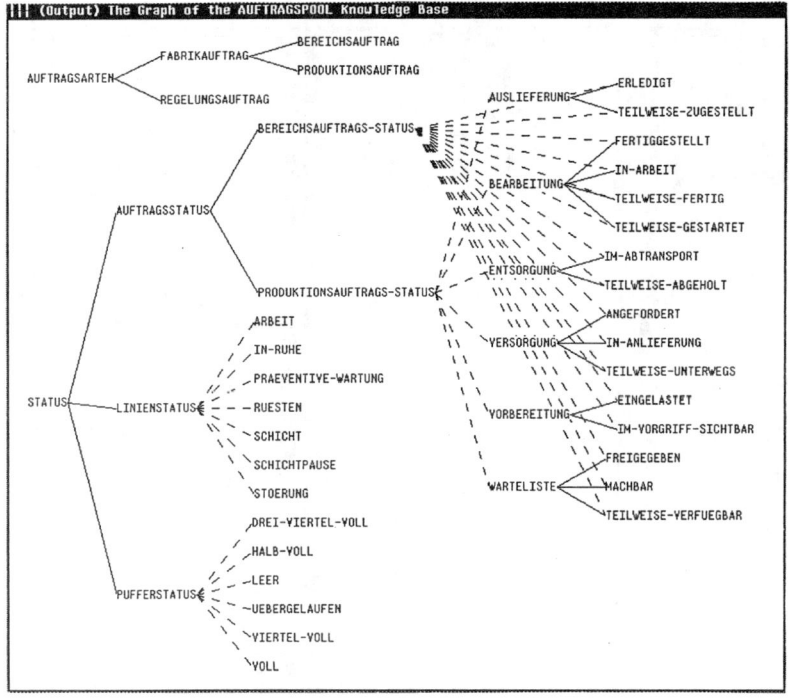

Bild 5-12: Hierarchischer Objektbaum der Auftrags- und Komponentenstatus

Ein Entscheidungsträger kann sich mit der Simulation anhand der abgebildeten Oberfläche einen Überblick über den zu erwartenden **Fortschritt einzelner Aufträge** verschaffen, indem er beispielsweise für interessierende Aufträge und Auftragsstatus die zeitliche Lage der entsprechenden Zustandsübergänge verfolgt.

Zustandsorientierte Anzeigen, wie die in Bild 5-13 abgebildete Benutzeroberfläche, bieten jedoch keine vergangenheitsbezogenen oder vorausblickenden Informationen an und reichen für die **Veranschaulichung des Ablaufs** nicht aus. Es werden weitere Hilfsmittel benötigt, die über eine reine Visualisierung einzelner Zustände hinausgehende Informationen anbieten. In Kapitel 6 werden daher Monitorsysteme vorgestellt, die mit dieser Simulation verbunden zur Verfolgung von Simulationsläufen eingesetzt werden können.

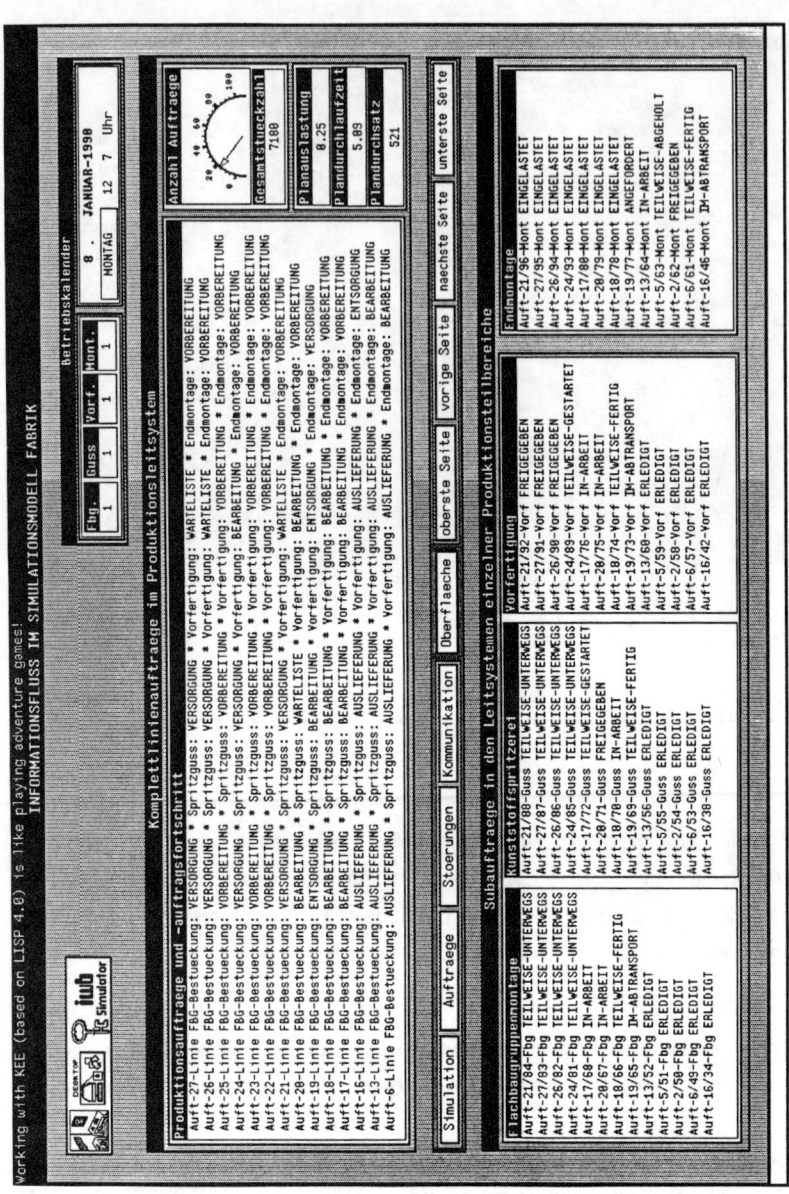

Bild 5-13: Benutzeroberfläche zur Verfolgung des Auftragsfortschritts im Simulationsmodell

5.4   Produktionsauftragsabwicklung im Simulationsmodell

5.4.1   Stufenweise Auftragseinlastung

Im Gegensatz zu den meisten gebräuchlichen Simulationsanwendungen, bei denen im Materialflußbereich Untersuchungen durchgeführt werden, liegt im Rahmen dieser Produktionsregelung das Hauptaugenmerk im Informationsflußbereich und dort auf der **simulativen Untersuchung des Auftragsdurchlaufs**.

Bild 5-14 verdeutlicht die Auftragseinlastung im Simulationsmodell, die in mehreren Stufen erfolgt:

- Im **Auftragszentrum** werden regelmäßig größere Auftragsscheiben (auf einen Zeitraum bezogene Listen von Aufträgen) zusammengestellt und an das Produktionsleitsystem weitergegeben. Mit Hilfe verschiedener Zufallsgeneratoren werden dabei Auftragsstückzahlen, -varianten und Liefertermine realitätsnah mit statistischen Schwankungen beaufschlagt.

- Das **Produktionsleitsystem** bildet auf dieser Basis Bereichsauftragsscheiben für die einzelnen Bereichsleitsysteme und lastet diese Auftragsscheiben dort ein.

- Die **Bereichsleitsysteme** übernehmen die Materialanforderung und steuern die Abarbeitung der Aufträge.

- In den **Fertigungs- und Montagelinien** werden zu jedem Zeitpunkt einige Aufträge getaktet abgefertigt (sequentiell); aus eingangsseitigen Materialmengen werden hier die benötigten Zwischen- bzw. Endprodukte hergestellt.

Als **temporäre Objekte** (vgl. Kap. 5.3.1) werden dabei von den verschiedenen Leitsystemen jeweils einige **Produktions- und Bereichsaufträge** gesteuert, während von den Fertigungs- und Montagelinien neben den aktuell in Bearbeitung befindlichen Aufträgen auch die zugehörigen **Materialpulks** gehandhabt werden müssen.

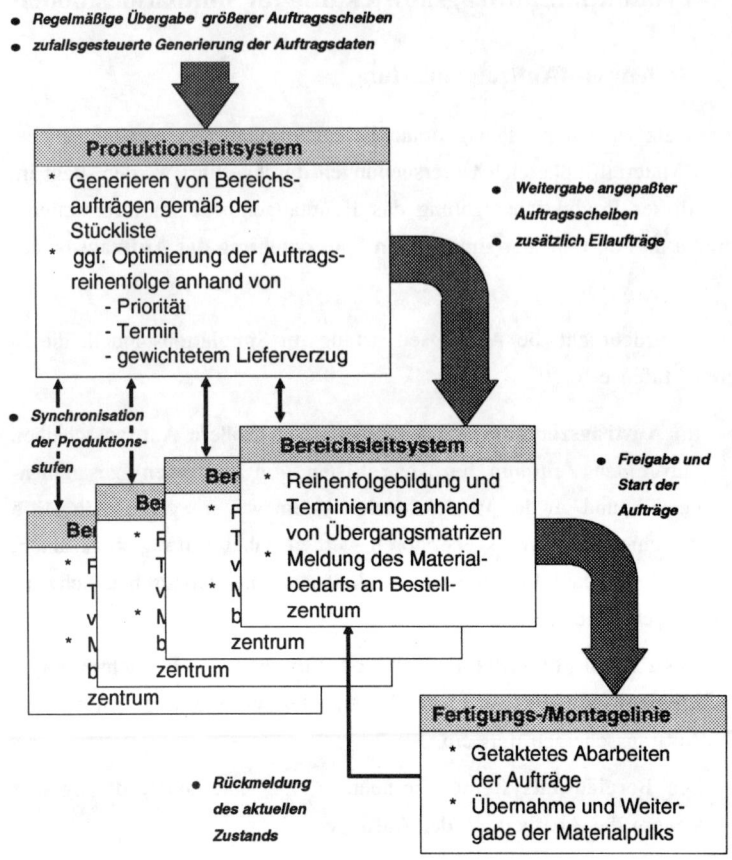

Bild 5-14: Stufen der Auftragseinlastung im Simulationsmodell

5.4.2 Auftragsdurchlaufzeitkette

Die **Abfolge verschiedener Zeiten**, die sich im Simulationsmodell während des Auftragsdurchlaufs ergeben, veranschaulicht Bild 5-15.

Nach der Auftragseinlastung folgt eine **Bearbeitung** in beiden Produktionsstufen (Auftragsstart – Fertigmeldung). Transporte verursachen direkt nach der Auftragseinlastung, zwischen den Produktionsstufen und nach der End-

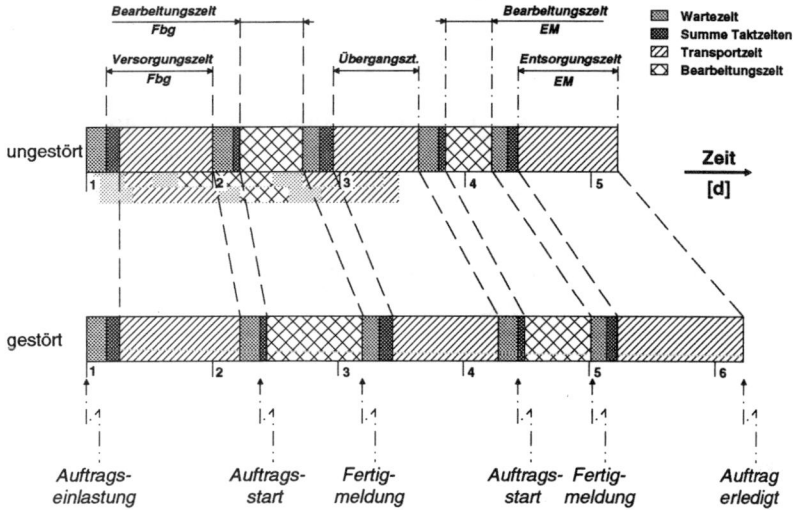

Bild 5-15: Durchlaufzeitanteile der Produktionsauftragsabwicklung mit und ohne Störungen

montage längere **Übergangs- bzw. Transportzeiten.** Zufallsgenerierte Schwankungen und Störungen führen in der Simulation an unterschiedlichen Stellen zu einer Verlängerung der dargestellten Durchlaufzeitanteile.

In die **Gesamtdurchlaufzeit** gehen jeweils die längste Durchlaufzeit eines Teilauftrags der ersten Produktionsstufe sowie die Durchlaufzeit der Endmontage ein, denn in der Montage kann erst mit der Bearbeitung begonnen werden, wenn das Material aller Bereichsaufträge der vorhergehenden Stufe angeliefert ist.

Die Hauptzeitanteile (**Bearbeitungszeit, Transportzeit**) werden bei dieser Serienproduktionslinie jeweils von getakteten Komponenten (Linien, Transporte) eingebracht. Entsprechend der Auftragsstückzahl werden solange einzelne Exemplare (z.B. Materialsätze, Module) aufgelegt, bis sich der Auftrag vollständig in der Linie befindet; anschließend folgt, falls ausreichend Material verfügbar ist, der nächste Auftrag. In Bild 5-15 ist daher vor jeder

Bearbeitungs- und Transportzeit ein **stückzahlabhängiger Taktzeitanteil** (Menge * Exemplartakt) aufgeführt; außerdem entstehen vor jedem Schritt u.U. organisatorisch bedingte **Liege- und Wartezeiten**.

Von auftretenden **Schwankungen und Störungen im Auftragsdurchlauf** können sämtliche Zeitanteile betroffen sein und verlängern dann ggf. die Gesamtdurchlaufzeit. Aufgabe der Produktionsregelung ist es in diesem Zusammenhang, durch die **Überwachung der beschriebenen Zeitanteile** eventuelle Verspätungen bereit frühzeitig zu erkennen und in geeigneter Weise regelnd einzugreifen (s.a. Kap. 6.2).

6 Prozeßkontrolle mittels Visualisierung und Statistik

In Kapitel 6 wird die Rolle visueller Überwachungshilfsmittel innerhalb des vorgestellten Produktionsregelsystemkonzepts erläutert. Anhand mehrerer Monitorsysteme werden exemplarisch Realisierungsmöglichkeiten aufgezeigt. Am Ende des Kapitels wird in diesem Zusammenhang die Bedeutung statistischer Auswertungen und graphisch darstellbarer Kennzahlensysteme angesprochen.

6.1 Überwachung als erster Schritt zur Produktionsregelung

Eine regelnde Arbeitsweise kann im Rahmen der Produktionsleittechnik erreicht werden, wenn es gelingt, einen Produktionsprozeß wirklich **flexibel und situationsangepaßt** zu führen. Voraussetzung für diese Regelung der Produktion ist ein **vollständiger und ständig aktualisierter Überblick** des Leitstandpersonals über das Geschehen in Fertigung und Montage.

Geeignete EDV-Systeme können hierzu wichtige Hilfestellung leisten [vgl. KÜHN 88, SCHE 88+89, SCHL 89, SEID 90]. Der Überblick des Fachpersonals läßt sich durch **farbgraphikfähige Monitorsysteme** verbessern, die permanent aussagekräftige Informationen in anschaulicher Form am Bildschirm darstellen. Eine besonders effektive Kontrolle der Produktion wird möglich, wenn **fortlaufend mehrere kennzeichnende Größen rechnerunterstützt überwacht** werden. Aussagekräftig sind in diesem Zusammenhang vor allem:

- der erreichte **Produktionsfortschritt** (z.B. über farbige Darstellung der Auftragsstatus),

- die aktuellen **Zustände aller Komponenten** der Anlage (z.B. über farblich verschieden dargestellte Betriebsmittelstatus),

- **Produktqualität und Planerfüllungsgrad** sowie Soll-/Ist-Vergleichsergebnisse und

- **statistisch aufbereitete Betriebsdaten** (z.b. über graphisch visualisierte Kennzahlensysteme; s.a. Kap. 6.3).

Die Entscheidungsträger in einem Produktions- oder Bereichsleitstand werden durch diese zusätzlichen Informationssysteme in die Lage versetzt, auftretende **Fehlerzustände** und sich anbahnende **Verspätungen** bereits sehr frühzeitig zu erkennen; sie können somit ggf. schneller und gezielter eingreifen.

6.2 Kontrollsysteme für Auftragsfortschritt und Anlagenzustand

6.2.1 Interaktive ereignisorientierte Monitorsysteme

Zur Überwachung von Auftragsfortschritt und Anlagenzustand können Monitorsysteme eingesetzt werden, die **fortlaufend geeignete Graphiken am Bildschirm** anzeigen und aktualisieren. Dabei genügt es nicht, lediglich die **gerade aktuelle Situation** im Produktionsprozeß zu verdeutlichen, sondern es müssen auch die **jüngere Vergangenheit** und die **nähere Zukunft** (kurzfristige Planung) für vergleichende Betrachtungen dargestellt werden können. Die Visualisierungsmöglichkeiten dürfen daher nicht auf einen einzigen Zeitpunkt – den momentanen Zeitpunkt, ähnlich einem Schnappschuß – beschränkt sein, sondern müssen anschauliche **Verläufe über der Zeit** beinhalten.

Monitorsysteme müssen im Rahmen eines Produktionsregelsystems außerdem **interaktiv und ereignisorientiert** sowie in ihrem Betrachtungshorizont **gesamtheitlich** ausgelegt werden (zum Konzept des verteilten Produktionsregelsystems vgl. Kap. 4.1); vor allem folgende Kriterien sind zu beachten:

- Über geeignete **Interaktionen mit dem System** müssen einem Benutzer flexible Möglichkeiten eingeräumt werden, die Visualisierung individuell konfigurieren sowie im Verlauf bzgl. der Darstellungsart und der dargestellten Informationen beeinflussen zu können (z.B. Zeitraum;

betrachteter Bereich). Bestimmte Inhalte müssen mittels **Detaildar-stellungen** genauer untersucht und/oder **Zusatzinformationen** aus einer Datenbank abgerufen werden können.

- Über eine **ereignisorientierte Anbindung** an den zu überwachenden Prozeß wird erreicht, daß unmittelbar nach jedem registrierten Ereignis automatisch die Darstellungen des Monitorsystems auf den neuesten Stand gebracht werden können. Ereignisorientierte Monitorsysteme müssen daher **ständig online mit dem Prozeß verbunden** sein. Die Alternative wäre eine **zeitintervallgesteuerte Abfrage** und Aktualisierung darzustellender Daten (Polling), wobei jedoch grundsätzlich eine **höhere Reaktionszeit** toleriert werden muß, die statistisch mindestens die Hälfte des Zeit-intervalls der Aktualisierung beträgt (vgl. Kap. 4.3.3).

- Die Möglichkeit, sich **gesamtheitlich** (auch außerhalb der eigenen Zustän-digkeit) einen Überblick über Stand und Fortschritt in allen Bereichen der Produktion zu verschaffen, hilft **Reaktionszeiten** zu verkürzen und betriebsinterne **Koordinationsmängel** durch vorbeugende Aktionen zu vermeiden. Monitorsysteme müssen daher auch bereichsübergreifende Informationen anbieten.

- Es muß außerdem die Möglichkeit bestehen, Monitorsysteme im Rahmen eines **verteilten Produktionsregelsystems** mit weiteren Komponenten zu verbinden. Wenn z.B. innerhalb eines **verteilten Produktionsregelsystems** ein **Simulationsmodell** eingesetzt werden soll, welches einen realitäts-nahen **Probebetrieb** ermöglicht, müssen die Monitorsysteme mit dieser Simulation verbunden werden können. Ein Umschalten zwischen der **Visualisierung des realen und des simulierten Ablaufs** ermöglicht u.a. den direkten Vergleich zwischen der Entwicklung im Produktionsprozeß und dem (simulierten) planmäßigen Verlauf (vgl. Kap. 5.1).

Solchermaßen konzipierte Systeme zur Visualisierung können im Rahmen der Produktionsregelung einen wirksamen Beitrag leisten; sie sind die Grund-voraussetzung für die Realisierung **schneller Regelkreise innerhalb der Produktionsleittechnik**. Die im Rahmen der vorliegenden Arbeit entwickelten **Monitorsysteme** wurden nach diesen Kriterien entwickelt.

Die in den folgenden Abschnitten vorgestellten Monitorsysteme sind eigenständige Komponenten des verteilten **Produktionsregelsystems**; sie können über einen Mechanismus zur Interprozeßkommunikation mit beliebigen weiteren Komponenten verbunden werden (z.B. mit dem in Kapitel 5 vorgestellten Simulationsmodell und einer komponentenübergreifenden Datenbank; vgl. Kap. 8.1.2 und 8.2).

6.2.2 Visualisierung des Anlagenzustands

Um Störungen und Abweichungen von den Planvorgaben möglichst früh erkennen zu können, muß der Anlagenzustand fortlaufend überwacht werden. Für diese Überwachung eignen sich die **Zustände (Status) der Komponenten einer Anlage** (vgl. Kap. 5.3.4), welche automatisch erfaßt, verarbeit und graphisch aufbereitet werden.

Der **aktuelle Zustand** der Komponenten einer Anlage läßt sich übersichtlich anhand einer realistischen **Abbildung des Anlagenlayouts** auf einem ereignisorientierten Monitorsystem verdeutlichen. Der **momentane Status aller Betriebsmittel** kann über die Farbe der auf dem Monitor dargestellten Komponenten anschaulich visualisiert werden.

Bild 6-1 zeigt exemplarisch den **Anlagenmonitor** für die, in den Kapiteln 2.1.4 und 5.3 vorgestellte, simulierte Produktionslinie. Im Hintergrund ist die **Struktur des Simulationsmodells** dargestellt (vgl. Kap. 5.3.1 und Bild 5-7). Die einzelnen Elemente des Anlagen-Layouts sind **maussensitiv** (sog. Pushbuttons) und erlauben über Auswahlmenüs das gezielte Anwählen der darzustellenden Informationen. Über ein **Simulationsinterface** können Kommandos an das – in einem anderen Rechenprozeß ablaufende – Simulationsmodell abgesetzt werden; ein Simulationslauf kann so beispielsweise gestartet oder für bestimmte Untersuchungen zeitweise angehalten werden.

Zu allen Komponenten der Produktionslinie können nähere Informationen abgerufen sowie in **alphanumerischer** und/oder **graphischer Form** visualisiert werden. In Bild 6-1 handelt es sich um den aktuellen **Materialbestand in einem Kanbanpuffer**, der textuell und graphisch angezeigt wird.

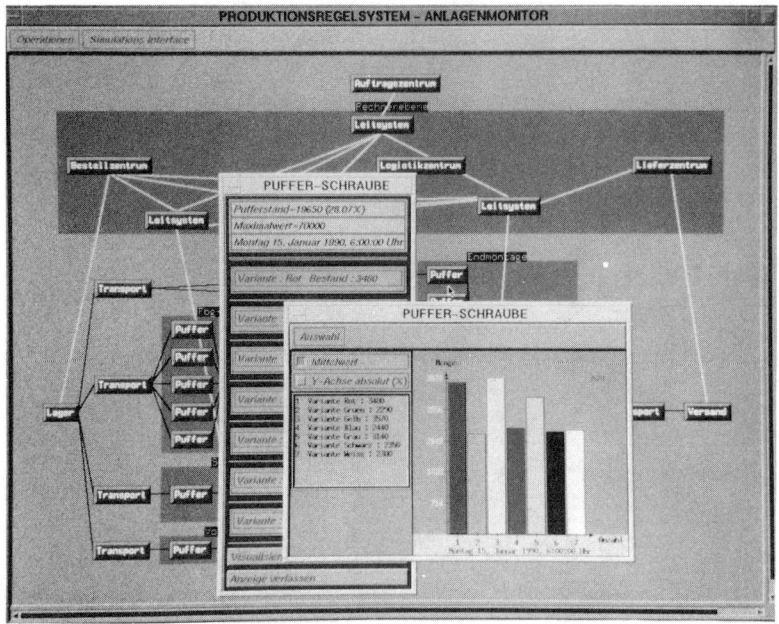

*Bild 6-1:   Untersuchung der aktuellen Situation anhand von Material-
             beständen*

Neben diesen **Informationen auf Abruf** kann das Monitorsystem auch **ereignisorientiert** bestimmte Sachverhalte veranschaulichen:

In Reaktion auf einen Zustandsübergang wechselt mit dem **Status** die **Darstellungsfarbe** einer Komponente im angezeigten Anlagenabbild (Puffer, Transport etc.). Auftretende **Störungen** werden über das **Blinken** der Darstellung signalisiert, und eine entsprechende **Fehlermeldung** gibt Aufschluß über die vorliegende Störung (Bild 6-2). Das Fachpersonal kann daraufhin detailliertere Untersuchungen der Situation veranlassen und beispielsweise mit Hilfe eines wissensbasierten Expertensystems eine Ausweichstrategie planen (s.a. Kap. 7).

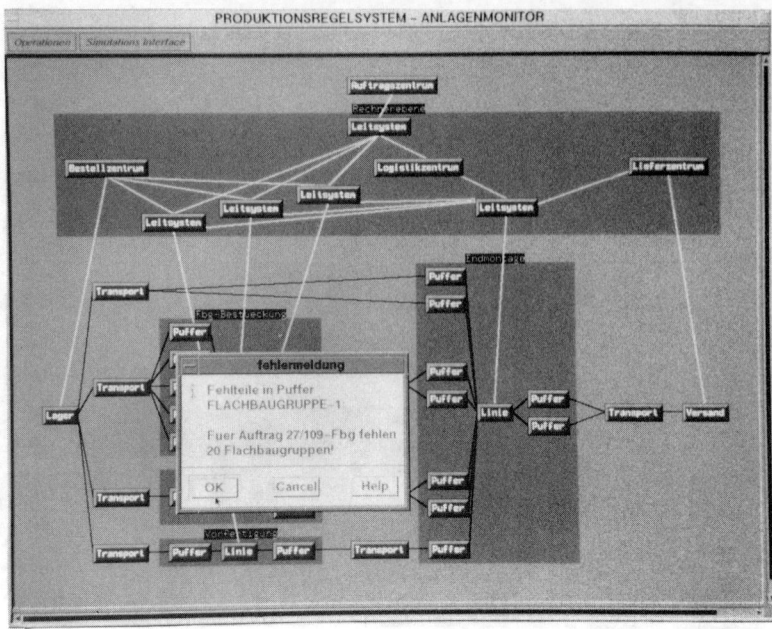

Bild 6-2: Ereignisgesteuerte Fehlermeldung in Störsituationen

Bei konventionellen Monitorsystemen, die teilweise bereits heute in Werkstattleitsysteme integriert zum Einsatz kommen, beschränken sich die Visualisierungsmöglichkeiten meist auf die **Betriebsmittel aus dem Materialflußbereich** des Produktionsprozesses.

Dabei lassen sich auch für die (im Informationsfluß angesiedelten) **Systeme der Produktionsleittechnik** selbst Sachverhalte erkennen, die in graphischer Form sinnvoll aufbereitet werden können. Das im Hintergrund der vorgestellten Monitorsysteme abgebildete Anlagenlayout enthält deshalb auch die **Leitsysteme** der Produktionsleit- und Bereichsleitebene der Produktionslinie. Aus diesen Systemen können ebenfalls Informationen abgerufen und visualisiert werden. Auf diese Weise wird der Forderung nach der Darstellung **bereichsübergreifender Informationen** Rechnung getragen (vgl. Kap. 6.2.1).

So können aus den im Rahmen dieser Arbeit betrachteten Leitsystemen beispielsweise **Auftragsbestände** und **Status** abgerufen und kontrolliert werden (Bild 6-3).

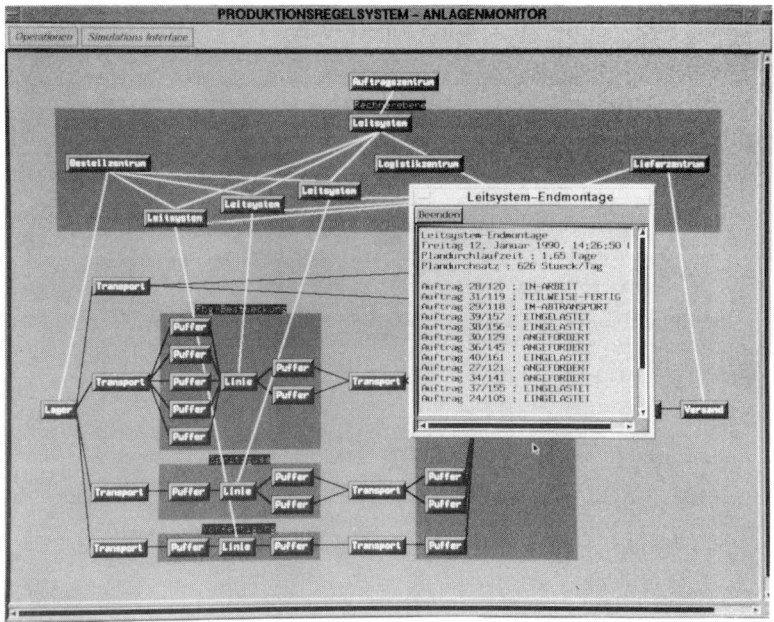

Bild 6-3: Untersuchung der aktuellen Situation anhand von Auftrags-beständen

6.2.3 Visualisierung des Auftragsfortschritts

Für die Veranschaulichung des **Produktionsfortschritts** reicht eine zustands-orientierte Darstellung nicht aus (vgl. Kap. 5.3.4); eine **zeitbezogene und ereignisorientierte Visualisierung** ist erforderlich. Die **zeitliche Lage einzelner Zustandsübergänge** spielt hier eine besonders wesentliche Rolle.

Bild 6-4 zeigt das Konzept eines **Monitorsystems zur Visualisierung des Auftragsfortschritts** für alle Bereiche des als Beispiel dienenden Serienproduktionsprozesses.

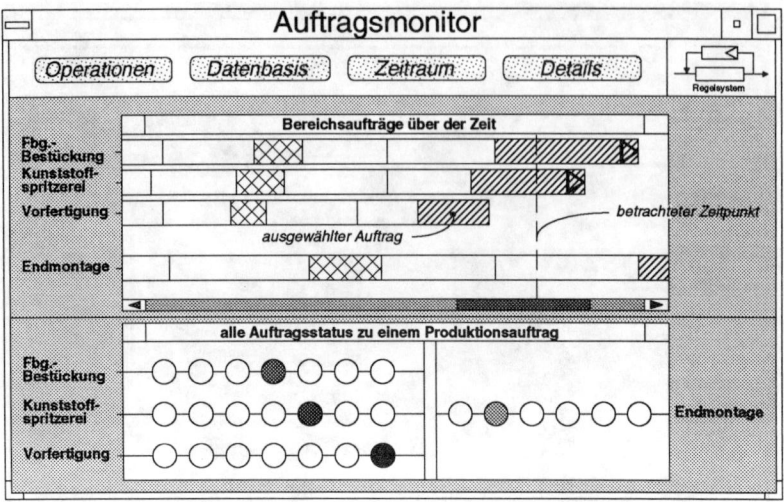

Bild 6-4: Konzept einer Auftragsfortschrittsvisualisierung für regelnde Produktionsleitsysteme

Die dargestellte Benutzeroberfläche des Auftragsmonitorsystems teilt sich in drei unterschiedliche Bereiche:

- In der **Kopfzeile** der Oberfläche sind Bedienelemente (sog. Pull-down-Menüs) untergebracht, über welche z.b. die Darstellungsart gewählt und Verbindungen zu den anderen Komponenten des Produktionsregelsystems hergestellt werden können.

- Im **oberen Bildschirmfenster** wird die **Lage der Aufträge** aus den verschiedenen Teilbereichen der Produktionslinie (Flachbaugruppenbestückung, Spritzguß, Vorfertigung und Endmontage; vgl. Kap. 2.1.4) **auf der Zeitachse** veranschaulicht. Die aktuelle **Dauer** der einzelnen Aufträge wird als Balken über der Zeit aufgetragen. Als Balkenende wird jeweils der **Zeitpunkt des letzten registrierten Auftragszustandsübergangs** markiert; sobald die Aufträge abgeschlossen sind, entspricht ihre Dauer damit der Auftragsdurchlaufzeit. Die jeweils neuesten Aufträge sind noch nicht abgeschlossen, was durch **Pfeile am Balkenende** angedeutet wird. Die Zusammengehörigkeit von Aufträgen aus unterschiedlichen Bereichen wird durch gleiche **Farbe ihrer Auftragsbalken** hervorgehoben. Der **sichtbare Auschnitt** der Darstellung (Zeitraum) kann auf der Zeitachse **verschoben** (gescrollt) und in seiner **Größe verändert** (gezoomt) werden. Mit jedem neu eintreffenden Ereignis werden die abgebildeten Auftragsbalken aktualisiert und die gesamte Darstellung um das entsprechende Zeitintervall weitergescrollt.

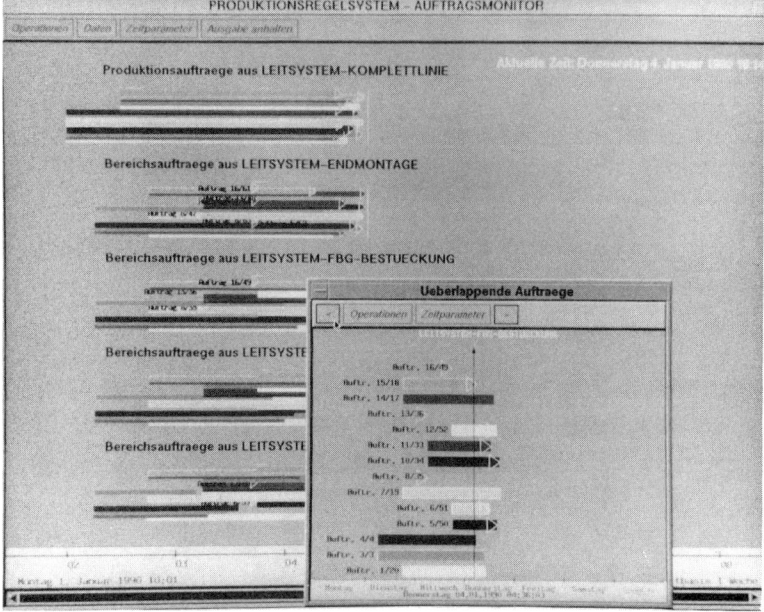

Bild 6-5:   Graphisches Monitorsystem zur fortlaufenden Überwachung der Auftragsfortschritte

- Im unteren Bereich handelt es sich, bezogen auf einen frei **wählbaren Zeitpunkt,** um die Veranschaulichung des **Fortschritts eines Produktionsauftrages** in allen Bereichen der Linie. Die möglichen Status der zu diesem Produktionsauftrag gehörenden Bereichsaufträge der ersten und zweiten Produktionsstufe sind hier **in Form eines Abakus** dargestellt; der zum betrachteten Zeitpunkt gültige Auftragsstatus ist innerhalb der Kette möglicher Status farblich hervorgehoben.

Die Umsetzung des Konzepts in Form des **realisierten Auftragsmonitorsystems** zeigt Bild 6-5.

Online verbunden mit dem in Kapitel 5 vorgestellten Simulationsmodell wird hier der **aktuelle Auftragsfortschritt** über einer Zeitskala visualisiert. Alle **eingelasteten Aufträge** aus den Leitsystemen der vier Produktionsbereiche

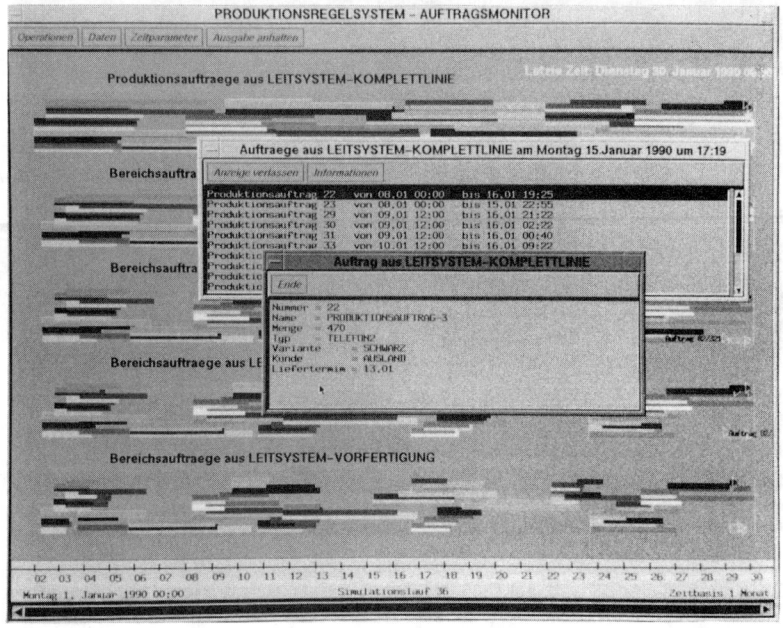

Bild 6-6: Anzeige zusätzlicher Auftragsinformationen auf Abruf

sowie die zugehörigen übergeordneten Produktionsaufträge werden als **farbige Auftragsbalken** angezeigt.

Sobald einer der Aufträge einen neuen Status annimmt, wird die Darstellung automatisch angepaßt. Da bei einer Serienproduktionslinie viele Aufträge gleichzeitig in einem Bereich vorhanden sein können, stehen zur Erhöhung der Übersichtlichkeit Werkzeuge für eine entzerrte Anzeige der Aufträge zur Verfügung (in Bild 6-5 rechts unten). Zusätzlich können zu jedem Zeitpunkt **genauere Informationen** aus einer Datenbank abgerufen und angezeigt werden (Bild 6-6).

Der **Synchronismus des Auftragsfortschritts** läßt sich mit Hilfe der Abakus-ähnlichen Darstellung aus Bild 6-7 zu einem (über die Maus) wähl-

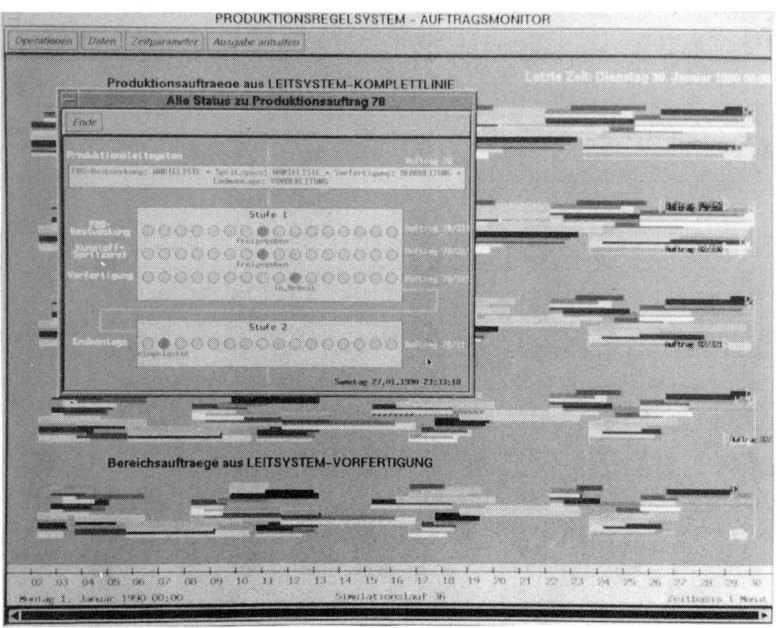

Bild 6-7: Visualisierung des Synchronismus zusammengehörender Aufträge aus verschiedenen Bereichen

baren Zeitpunkt kontrollieren. Für jeden der vier Produktionsbereiche der ersten und zweiten Produktionsstufe ist die **Kette der möglichen Auftrags-status** sichtbar; die gerade **aktuellen Status** zusammengehörender Bereichs-aufträge aus unterschiedlichen Bereichen sind farblich hervorgehoben und textuell ausgegeben. Der **Fortschritt parallel ablaufender Aufträge** kann somit kontrolliert werden und es können ggf. rechtzeitig **koordinierende Aktionen** eingeleitet werden.

6.3 Statistische Überwachung mit Kennzahlensystemen

Neben dieser **direkten Visualisierung** von Zuständen und Zustands-übergängen innerhalb des Produktionsprozesses können im Rahmen der Produktionsregelung auch **statistische Auswertungen der Betriebsdaten** von

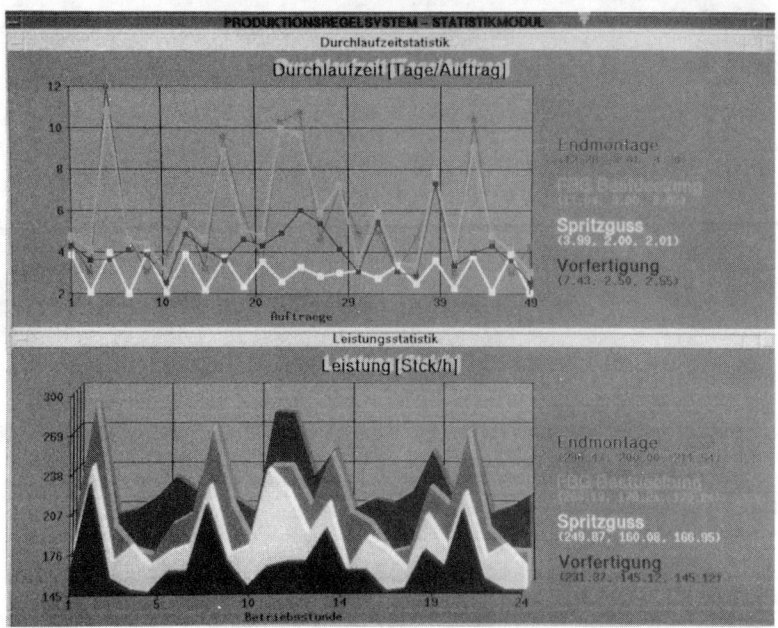

Bild 6-8: Visuelle Produktionskontrolle mit Kennzahlensystemen

erheblichem Nutzen sein (z.B. Durchlaufdiagramme; [HOLZ 87]) [s.a. ELM 72, NYHU 89a]. **Systeme aufeinander aufbauender Kennzahlen** bieten dem Fachpersonal wichtige Informationen und können, wie Bild 6-8 verdeutlicht, auch anschaulich graphisch dargestellt werden.

Außerdem können bereits einfache Auswertungen von **Mittelwert, Standardabweichung und Streumaß der Auftragsdurchlaufzeiten** verschiedener Bereiche nützliche Einblicke liefern und dabei helfen, die Produktionssteuerung transparenter zu gestalten. Auch die Auswertung der **Zeiträume**, in denen sich die **Betriebsmittel in einzelnen Zuständen** (Arbeit, Ruhe etc.; vgl. Kap. 5.3.4) befunden haben, ist relativ einfach und sinnvoll (Bild 6-9).

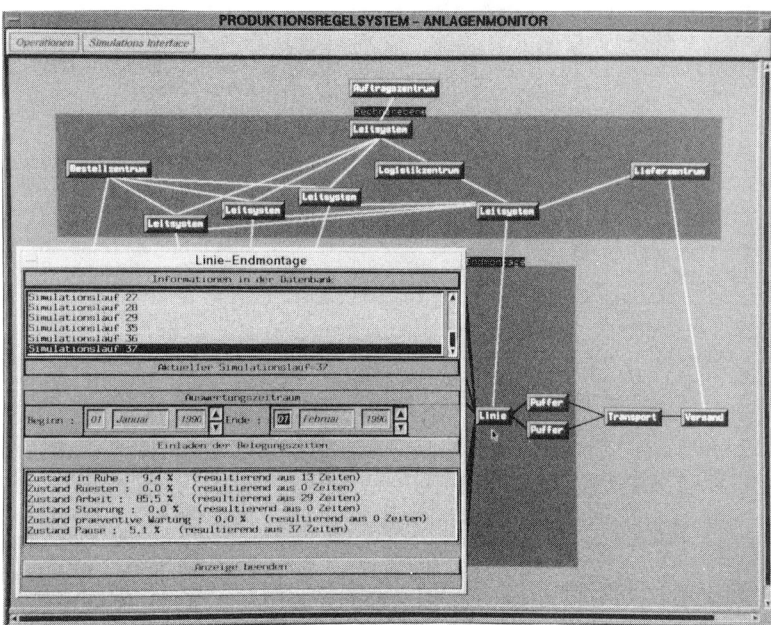

Bild 6-9: Statistische Auswertung der Komponentenauslastung

In Verbindung mit einem Simulationsmodell können solche Auswertungen dazu herangezogen werden, die mit **verschiedenen Steuerstrategien erreich-**

bare Anlagenauslastung im voraus zu bewerten. Die Strategie kann somit nicht nur kompetenter ausgewählt, sondern auch später während der Ausführung besser kontrolliert werden.

Aus Simulationsuntersuchungen können auch **Betriebskennlinien** abgeleitet und auf einem Monitorsystem graphisch dargestellt werden, die den Einfluß unterschiedlicher Steuerstrategien und Eingriffsalternativen auf den **Zielerreichungsgrad** im Rahmen der angestrebten Zielfunktion (vgl. Kap. 2.1.1) verdeutlichen (Bild 6-10).

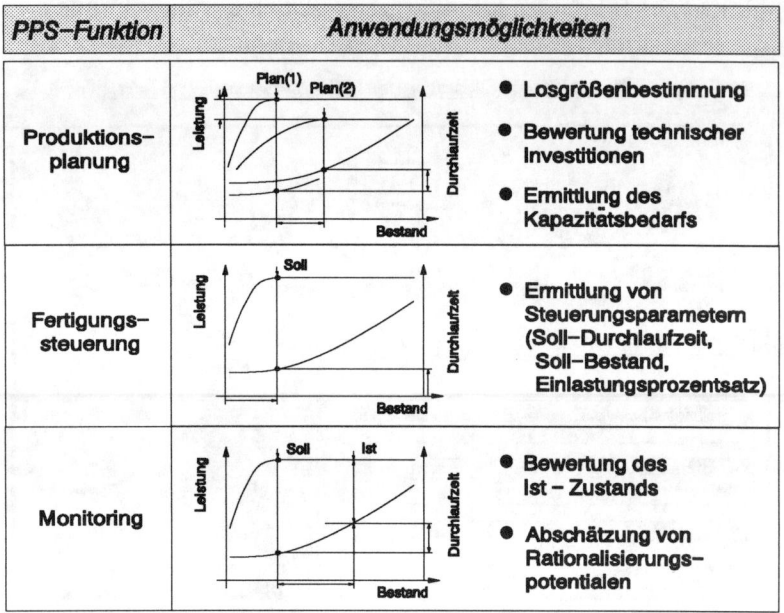

Bild 6-10: Anwendungsmöglichkeiten von Betriebskennlinien im Rahmen der Produktionsleittechnik [nach LUDW 90]

Derartige Kennlinienverläufe eignen sich nicht nur für die **Ermittlung von Steuerungsparametern** ("optimaler Betriebspunkt") und zur **Bewertung von Planungsalternativen**, sondern auch zur **Überwachung und Kontrolle** des tatsächlichen Ablaufs in Fertigung und Montage [LUDW 90+91].

7 Regelung mit Hilfe wissensbasierter Entscheidungsunterstützung

In Kapitel 7 werden die Einsatzmöglichkeiten von Expertensystemen zur Unterstützung der Produktionsregelung aufgezeigt. Es wird exemplarisch das im Rahmen der vorliegenden Arbeit entworfene wissensbasierte System vorgestellt und bzgl. seiner Funktionsweise erklärt.

7.1 Planung, Diagnose und Therapie im Rahmen der Produktionsregelung

Die Komplexität moderner Produktionsanlagen bereitet häufig Probleme bei der Führung des Produktionsprozesses. Der oft mangelhafte Gesamtüberblick der Entscheidungsträger über **Abhängigkeiten und Auswirkungen aktuell zur Auswahl stehender Handlungsalternativen** reduziert den "Wirkungsgrad" EDV-gestützter Leitstände und verursacht unnötige Störungen.

Die Ziele der Produktionsregelung (vgl. Kap. 3.1) können erst als erreicht betrachtet werden, wenn es gelingt, mit Hilfe entscheidungsunterstützender Systeme eine eng an die Produktionsabläufe angelehnte, regelnde Arbeitsweise im Rahmen der Produktionsleittechnik zu realisieren. Dazu müssen sämtliche kurz- und mittelfristigen **Planungsentscheidungen** sowie die Auswahl steuernder Eingriffe **situationsangepaßt und zeitnah** getroffen werden.

Systeme zur direkten Entscheidungsunterstützung müssen bei der Planerstellung und operativen Steuerung der Produktion für ein besseres **Verständnis der Zusammenhänge** und auf diesem Weg für eine insgesamt **kompetentere Entscheidungsfindung** sorgen. Auf der Basis permanenter Überwachung und Kontrolle des Produktionsprozesses müssen ereignis- und zeitgesteuert (vgl. Kap. 4.3.3) **genaue Analysen der vorliegenden Situation** durchgeführt werden. Falls Handlungsbedarf besteht, muß aktuellen Entwick-

lungen z.B. durch **Planänderungen** oder **Änderungen der Steuerstrategie**
Rechnung getragen werden (Bild 7-1).

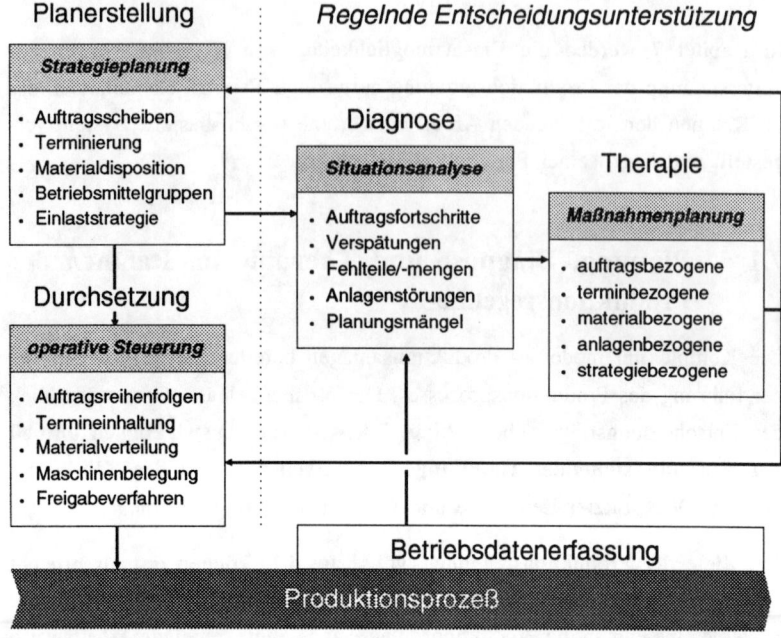

*Bild 7-1: Diagnose und Therapie als Funktionsbausteine der Produktions-
regelung*

Die **Situationsanalyse** (vgl. Kap. 4.1.2) kann dabei als **Diagnose des
Produktionsablaufs** aufgefaßt werden. Im Gegensatz zu herkömmlichen
Anwendungen von Diagnosesystemen, die meist Aufbau und korrekte
Funktion einzelner Komponenten untersuchen, wird hier der **Produktionsablauf analysiert**. Den Gegenstand der Diagnose bildet, anstatt Fertigungszellen oder Maschinen, die **Gesamtsituation**, welche sich aus den **Zuständen**
der einzelnen Komponenten und dem aktuellen **Fortschritt** aller Aufträge
zusammensetzt.

Anhand kennzeichnender Daten über Produktionsfortschritt und Anlagenzustände können im Rahmen der Situationsanalyse gezielt **Soll-/Ist-Vergleiche**
durchgeführt und Abweichungen von den Planvorgaben erkannt werden. Diese
Analysedaten verhelfen zu einem fundierteren **Gesamtüberblick** und können
für aktuelle **Planungen** herangezogen werden.

Die **Planung einer (Ausweich-) Strategie**, mit der einer Störung begegnet
werden soll, läßt sich als **Therapie des Produktionsablaufs** auffassen. Trotz
festgestellter Störungen oder Planabweichungen soll der weitere Ablauf
möglichst reibungslos vonstatten gehen; ein von der **Maßnahmenplanung**
zusammengestellter Handlungsvorschlag dient also in diesem Sinn als
"Therapieplan".

Diese **Parallele zur Diagnose und Therapie** in Medizin oder technischer
Instandsetzung ist vor allem deshalb von Bedeutung, weil sie die Übertragbarkeit des dort entstandenen Know-How's aus dem Bereich der künstlichen
Intelligenz nahelegt. Für Diagnoseanwendungen existieren bislang bei weitem
die meisten Erfahrungen bzgl. Entwicklung und Einsatz von wissensbasierten
Expertensystemen [vgl. KOUK 86, PFEI 87, LUDW 89, FOLD 90 HUBE
90, SCHÖ 91].

7.2 Wissensbasierte Entscheidungsunterstützung in Stör-situationen

7.2.1 Expertensystem zur Situationsanalyse und Maßnahmen-planung

Wissensbasierte Systeme können bei der Produktionsregelung zur **Entscheidungsunterstützung** eingesetzt werden (vgl. Kap. 2.3). Solche Systeme
erlauben das Abspeichern einer Vielzahl komplexer Zusammenhänge (z.B. in
Form von Regeln), die – **situationsbezogen angewendet** – zur Planung eines
erfolgversprechenden Handlungsvorschlag herangezogen werden. Dieser
vom Expertensystem ausgearbeitete Handlungsplan kann dem menschlichen
Fachpersonal als **Entscheidungsgrundlage** dienen.

Von Vorteil für die Produktionsregelung sind die Fähigkeiten wissensbasierter Systeme im Umgang mit **unsicherem Wissen**. Die Möglichkeit wissensbasierter Expertensysteme, die einem Vorschlag zugrundeliegenden Fakten sowie daraus abgeleitete Folgerungen vom System **erklären** zu lassen (Erklärungskomponente; vgl. Kap. 2.4.1) trägt außerdem wesentlich zur Transparenz des Planungsvorgangs bei. Obwohl die Zusammenhänge relativ unstrukturiert in der Wissensbasis vorliegen, kann jeder **Entscheidungsvorgang** anhand der ausgewerteten Fakten **detailliert nachvollzogen** werden.

Im Rahmen der vorliegenden Arbeit wurde exemplarisch ein Expertensystem entwickelt, das zur **Entscheidungsunterstützung in Störsituationen** dient. Als Störungen werden von diesem System gegenwärtig **Fehlteile und Zeitverzüge** einzelner Aufträge untersucht.

Bild 7-2 zeigt die Benutzeroberfläche des Systems. Der abgebildete **Regelungsvorgang** befaßt sich mit einem Bereichsauftrag der Endmontage, für den 50 Flachbaugruppen fehlen. Im vorliegenden Fall wird als Maßnahme vorgeschlagen, die fehlenden Flachbaugruppen bei der liefernden Stelle nachzubestellen (u.a. weil kein geeignetes Reservematerial zur Verfügung steht).

Im oberen Fenster der abgebildeten Oberfläche ist der erarbeitete **Maßnahmenvorschlag** mit einem Teil der Zusammenhänge zu sehen, die für die Auswahl der vorgeschlagenen **Maßnahme "Material Nachbestellen"** verantwortlich waren; der außerhalb des Fensters befindliche, aktuell nicht sichtbare Rest der entscheidungsrelevanten Fakten kann durch Scrollen mit der Maus eingesehen werden.

In einem weiteren Fenster sind unten links die im Verlauf festgestellten **Störungen mit Zeitstempel** festgehalten (Störungsprotokoll); unten rechts sind die ergriffenen **Regelungsmaßnahmen** protokolliert.

Bild 7-3 veranschaulicht die in der Mitte der Oberfläche angeordnete Reihe von Bedienungselementen, deren hierarchisch gegliederte Untermenüs und damit die **Eingriffsmöglichkeiten der Benutzeroberfläche**.

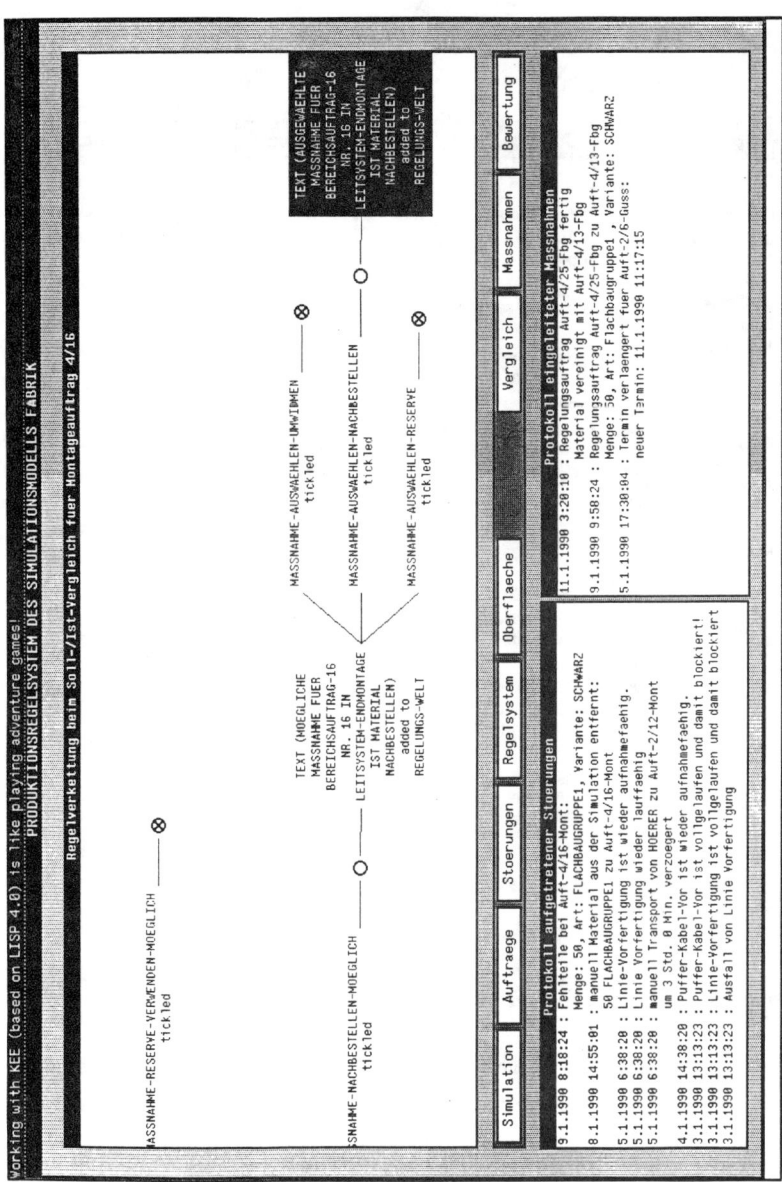

Bild 7-2: Benutzeroberfläche des Expertensystems während der Entscheidungsunterstützung

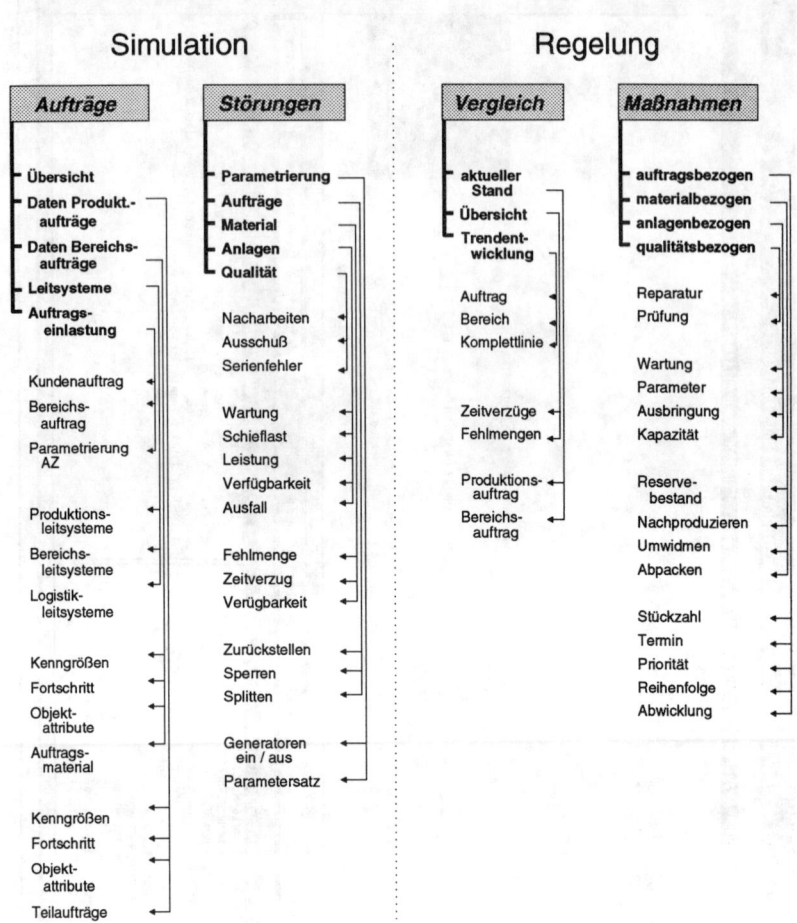

Bild 7-3: Ausschnitt aus der Menüstruktur der Expertensystemoberfläche

Zur Ausregelung einer festgestellten Störung kann über die **Situationsanalyse** und **Maßnahmenplanung** ein Handlungsvorschlag erarbeitet (s.a. Kap. 7.3) sowie direkt im Simulationsmodell bzgl. seiner Erfolgsaussichten und Nebenwirkungen überprüft und bewertet werden.

7.2.2 Handlungsalternativen und Konsequenzen

Die **Anwendbarkeit einzelner Maßnahmen** zur Störungsbekämpfung ist jeweils von einer **Vielzahl von Voraussetzungen und Randbedingungen** abhängig.

Dies ist das eigentliche Problem bei der Störfallbehandlung: Selbst Fachleute mit erheblicher Erfahrung sind oft nicht in der Lage, die Übersicht zu behalten und eine wirkungsvolle Ausweichstrategie zusammenzustellen.

Bild 7-4 zeigt beispielhaft die vereinfachten Ablaufpläne der **Regelungsmaßnahmen** "Material nachproduzieren" und "Material umwidmen".

Beide Maßnahmen sind prinzipiell anwendbar, wenn **bei einem Auftrag Fehlteile** festgestellt worden sind:

- Das fehlende Material kann **nachproduziert** werden, d.h. es wird die entsprechende Menge als neuer Auftrag im liefernden Bereich eingelastet. Falls geeignete **Reserven** existieren, werden diese natürlich genutzt und ein sich im Verlauf ergebender **Terminverzug** wird nach Möglichkeit wieder aufzuholen versucht.

- Das fehlende Material kann auch **einem gleichartigen anderen Auftrag entzogen** werden, was jedoch nur dann sinnvoll ist, wenn der betroffene Auftrag **weniger wichtig** ist und sich insgesamt kein zu großer Zeitverzug ergibt.

Bei beiden Maßnahmen werden jedoch – auf unterschiedliche Art – **andere Aufträge in Mitleidenschaft gezogen**, für die nun ggf. ebenfalls regelnde Maßnahmen notwendig werden.

Die dargestellten Maßnahmen und Zusammenhänge sind in diesem Fall noch relativ einfach, trotzdem bereiten die zu treffenden **Entscheidungen** in Verbindung mit dem **Abschätzen** der sich insgesamt ergebenden Auswirkungen Probleme. Alle Maßnahmen, mit denen auf Störungen und Planabweichungen reagiert wird, können neue und evtl. wesentlich gravierendere Störungen nach sich ziehen (Bild 7-5).

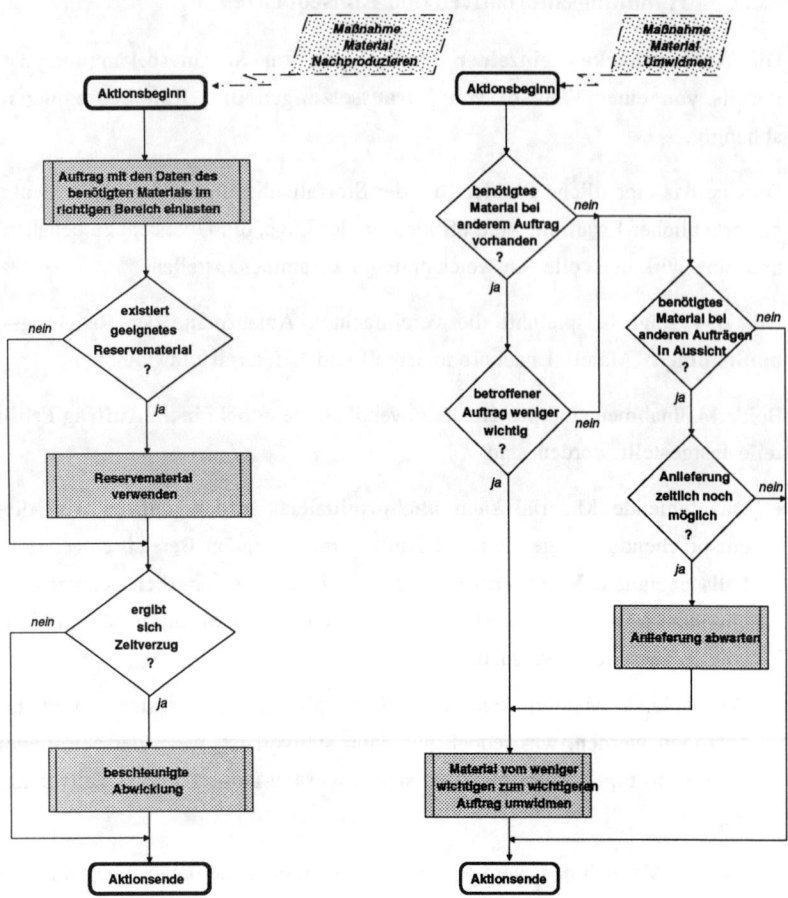

*Bild 7-4:   Ablaufpläne der Regelungsmaßnahmen "Material nach-
produzieren" und "Material umwidmen"*

Die Nebenwirkungen können in einem anderen Bereich der Produktion
auftreten und werden daher u.U. vom verantwortlichen Entscheidungsträger
nicht einmal direkt wahrgenommen. Generell müssen bei der Auswahl von
Regelungsmaßnahmen daher solche Maßnahmen bevorzugt werden, die
erfolgversprechend sind und zugleich **möglichst geringe Seiteneffekte**

Störungsursachen

Anlagen	Material	Information	Organisation
• Ausfall	• Ausschuß	• Grunddaten	• Planung
• Wartung	• Nacharbeit	• EDV-Störung	• Koordination
• Schieflast	• Schwund	• Arbeitspapiere	• Dimensionierung
• Leistung	• Qualität	• Programme	• Logistik
• Umstellung	• Zählfehler	• Steuerstrategie	• Personalführung
...	...	...	...

Regelungsmaßnahmen

Anlagen	Material	Information	Organisation
• Beschleunigen	• Reservebestand	• Reihenfolge	• Anlagenstruktur
• Ausweichkap.	• Lagerabruf	• Stückzahlen	• Planparameter
• Zusatzschicht	• Nachfertigen	• Prioritäten	• EDV-Systeme
• Fremdvergabe	• Zukauf	• Umwidmen	• Personaleinsatz
...	...	...	...

Auswirkungen und Konsequenzen

bereichsintern	bereichsübergreifend
• Auftragsreihenfolge	• Synchronismus korrespondierender Aufträge
• Auftragsecktermine	• Termine / Reihenfolgen paralleler Bereiche
• Auftragsdurchlaufzeiten	• Termine / Reihenfolgen weiterer Stufen
• Pufferbestände	• Lieferbereitschaft und Termintreue
• Betriebsmittelauslastung	• Umlaufbestände
• Durchsatz	• Wirtschaftlichkeit
...	...

Bild 7-5: Störungen, Regelungsmaßnahmen und deren Konsequenzen

haben. Regelnde Expertensysteme können in diesem Zusammenhang einen Beitrag leisten, trotz wachsender Komplexität Zusammenhänge transparent zu machen und damit die Aufgaben der Produktionsleittechnik beherrschbar zu halten. **Aktive Entscheidungsunterstützung bei der Regelung der Produktion** führt zu kompetenter ausgewählten Steuerstrategien, hilft Störungen auf ein Minimum zu reduzieren und erhöht damit die Genauigkeit sowie den Erfolgsgrad der Produktionssteuerung.

7.2.3 Soll-/Ist-Vergleich als auslösendes Moment

Der Entscheidungsunterstützungsprozeß kann bei dem realisierten Expertensystem entweder **manuell** (auf Benutzeranfrage) oder durch einen **ereignis-** **bzw. zeitgesteuert initiierten Soll-/Ist-Vergleich** angestoßen werden (vgl. Kap. 4.3.3). Damit bei der Reaktion auf eine Störung oder Planabweichung keine unnötige Zeit verloren wird, genügt es nicht, die Entscheidungsunterstützung gelegentlich manuell anzustoßen. Erst die Kombination mit

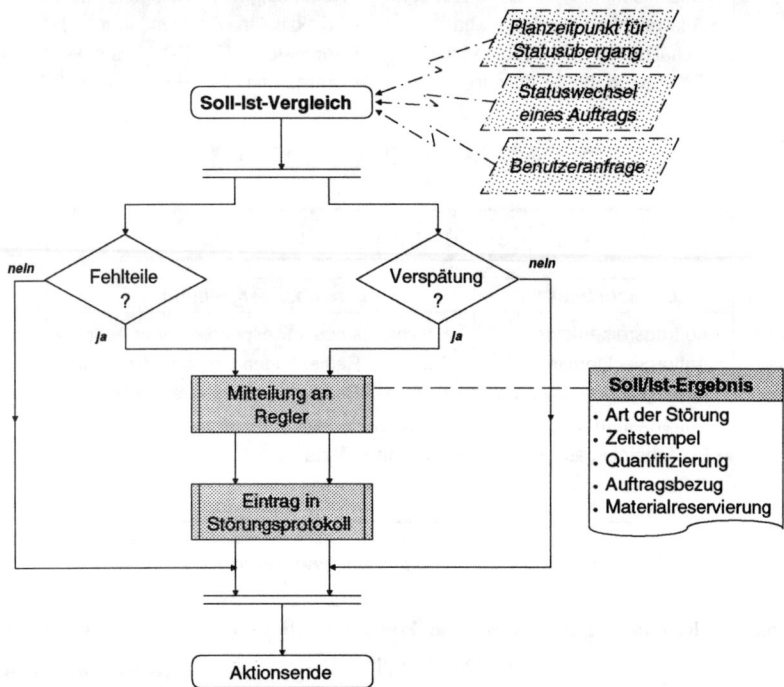

Bild 7-6: Funktionsweise und Ergebnis des Soll-/Ist-Vergleichs

einem ereignisgesteuerten **Automatismus**, der eine **genauere Analyse** **situationsabhängig** in Gang setzt, kann eine wirklich zeitnahe Reaktion sicherstellen.

Bild 7-6 veranschaulicht die Funktionsweise eines **auftragsbezogenen Soll-/ Ist-Vergleichs**. Untersucht werden hier jeweils **Fortschritt** und **Material- verfügbarkeit** eines Auftrags. Das Ergebnis bildet – bei aufgedeckten Störungen bzw. Planabweichungen – eine Mitteilung an den Analyseteil des Expertensystems.

7.3 Aufbau und Funktionsweise des regelnden Experten- systems

7.3.1 Arbeitsweise und Wissensbasis

Das im Rahmen der vorliegenden Arbeit entworfene wissensbasierte Exper- tensystem erarbeitet ausgehend von der **Störungsmeldung** des Soll-/Ist- Vergleichs einen geeigneten **Maßnahmenvorschlag** (Bild 7-7):

• Die aktuelle Situation wird dabei anhand des Simulationsmodells zunächst genauer untersucht (**Analyse**) und aus allen im System bekannten Maß- nahmen werden in diesem Fall durchführbare Einzelmaßnahmen ausgewählt.

• Aus den durchführbaren Maßnahmen wird dann im zweiten Schritt ein möglichst sinnvolles Paket gebildet (**Synthese**), das erfolgversprechend und mit minimalen Nebenwirkungen behaftet ist. Falls mehrere gut geeig- nete Alternativen existieren, kann die Auswahl vom Benutzer nach subjektiven Kriterien weiter vereinzelt werden.

Bild 7-7 zeigt dabei die Arbeitsweise des Systems als Teil eines **Konzep- tuellen KADS-Modells** (vgl. Kap. 2.4.3). Die Symbole der Inferenzebene des Modells sind hierarchisch weiter detaillierbar und haben folgende Bedeutung [vgl. BUSH 89]:

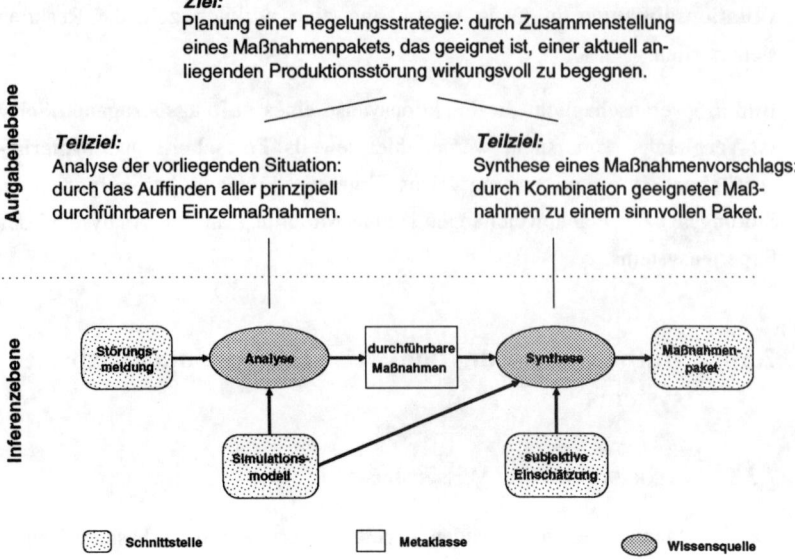

Bild 7-7: *Zielsetzung und Vorgehensweise bei der Störfallbehandlung als Konzeptuelles KADS-Modell*

- Die sog. **Metaklassen** stellen die statischen Anteile des Ablaufs dar (Zustände, Zwischenergebnisse etc.),

- die sog. **Wissensquellen** erarbeiten aus ihren Eingangsklassen neues Wissen; sie stellen die aktiven Anteile des Ablaufs (Zustandsübergänge, Verarbeitungsschritte etc.) dar und

- die als **Schnittstellen** bezeichneten Elemente sind eigentlich "Metaklassen", die eine Modellgrenze bilden und daher besonders hervorgehoben sind.

Die KADS-Methodik dient zur Strukturierung der Vorgehensweise bei der Entwicklung eines Expertensystems (vgl. Kap. 2.4.3). Auf unterschiedlichen Ebenen werden zunächst Zusammenhänge abstrahiert und in mehreren definierten Schritten mit Blick auf das zu realisierende System wieder konkretisiert. Die in den folgenden Abschnitten zur Erklärung verwendete

Inferenzebene eines Konzeptuellen Modells soll die **Funktionsweise des Systems** verdeutlichen.

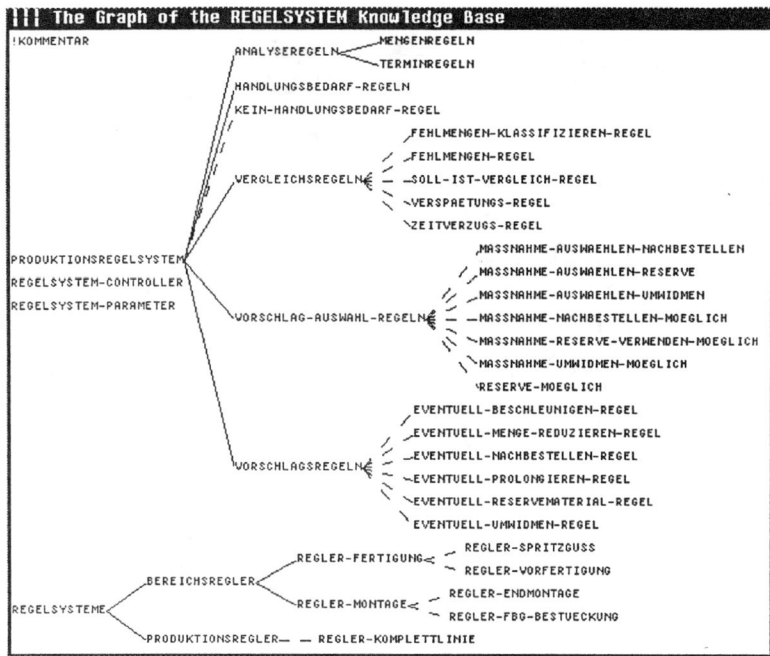

Bild 7-8: Ausschnitt der Regelsystem-Wissensbasis

Die eigentliche Verarbeitung wird im realisierten Expertensystem von sog. Produktionsregeln (wenn...dann...) vorgenommen (vgl. Kap. 2.4.2), die auch auf **Daten des Simulationsmodells** zugreifen können. Bild 7-8 zeigt einen Ausschnitt der Regel-Wissensbasis des Systems.

7.3.2 Analyse der Störsituation

Die erste Stufe der Entscheidungsfindung bildet die **Situationsanalyse**, in deren Verlauf eine genauere **Diagnose anhand der Komponentenzustände** sowie des erreichten **Auftragsfortschritts** durchgeführt wird. Ausgehend von

der eingegangenen **Störungsmeldung** wird aufgezeigt, welche Reaktionsmöglichkeiten im vorliegenden Fall überhaupt in Frage kommen (Bild 7-9).

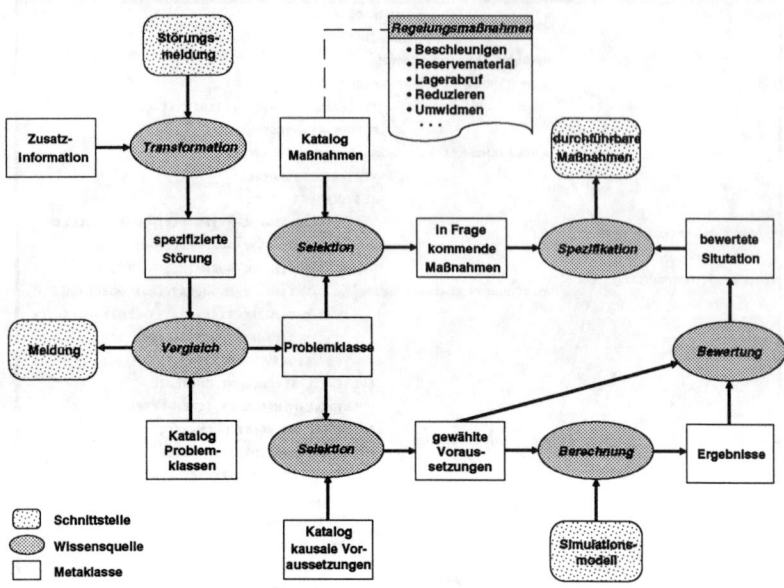

Bild 7-9: KADS-Inferenzmodell der Situationsanalyse

Dazu muß nach einer genaueren **Spezifizierung der gemeldeten Störung** und
der **Einordnung in eine Problemklasse** (Mengenproblem, Terminproblem,
Mischform etc.) aus der Wissensbasis des Systems eine Untermenge der
bekannten Maßnahmen ausgewählt werden. Für diese prinzipiell in **Frage**
kommenden Maßnahmen muß anschließend anhand ihrer **Voraussetzungen**
überprüft werden, ob sie in der aktuellen Situation anwendbar sind. Die
Situation wird anhand dieser ebenfalls in der Wissensbasis des Systems
gespeicherten **Kriterien bewertet** und diese Bewertung wird schließlich dazu
benutzt, nicht brauchbare Maßnahmen – z.B. die Maßnahme "Reservematerial
verwenden" wenn gerade keine Reserven vorhanden sind – auszusondern.

Das **Ergebnis des Analyseschritts** bildet eine Untermenge der prinzipiell in Frage kommenden Maßnahmen, d.h. eine Liste der in dieser Situation durchführbaren Maßnahmen. Diese durchführbaren Maßnahmen stellen die Schnittstelle zwischen den beiden Schritten Situationsanalyse und Maßnahmenplanung (Synthese) dar (vgl. Bild 7-9 und 7-10).

7.3.3   Planung einer Ausweichstrategie

Für die im Rahmen der Situationsanalyse erarbeiteten Einzelmaßnahmen sind zwar die Grundvoraussetzungen erfüllt, deswegen müssen sie im jeweiligen Fall aber noch nicht unbedingt hinreichend bzw. sinnvoll sein. Die **zweite Stufe der Entscheidungsfindung** führt daher eine **Überprüfung der Erfolgsaussichten und Nebenwirkungen** durch. Hier werden außerdem **Einzelmaßnahmen zu erfolgversprechenden Maßnahmenpaketen** kombiniert (Bild 7-10).

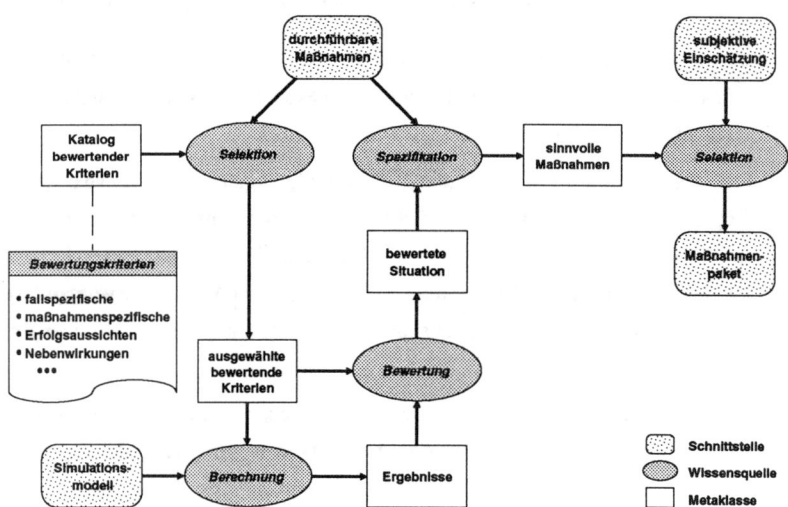

Bild 7-10: KADS-Inferenzmodell der Maßnahmenplanung

Ausgehend von den aktuell durchführbaren Maßnahmen wird anhand entsprechender Kriterien aus der Wissensbasis des Systems die Situation im

Simulationsmodell **genauer untersucht**. Die **Ergebnisse** werden zur **Bewertung der Reaktionsmöglichkeiten** herangezogen und aufgrund dieser Bewertung erfolgt die **Auswahl tatsächlich sinnvoller Maßnahmen bzw. -pakete**. Dabei kann auch die subjektive Einschätzung des Entscheidungsträgers eine Rolle spielen, z.b. wenn die im System vorhandenen Informationen nicht ausreichen oder wenn scheinbar gleichwertige Alternativen existieren.

Im Rahmen der Produktionsregelung erleichtern solche wissensbasierten Expertensysteme dem menschlichen Experten die Entscheidung für eine situationsangepaßte **Kombination regelnder Eingriffe**. Wichtige **Zusammenhänge werden transparent**, indem anhand von im System gespeicherten Regeln der Entscheidungsprozeß beispielhaft "vorexerziert" wird. Solche Expertensysteme könnten außerdem nutzbringend bei der **Schulung des Betriebspersonals** eingesetzt werden.

Auch eine wissensbasierte Entscheidungsunterstützung kann jedoch **keine absolute Sicherheit bei der realen Entscheidungsfindung** gewährleisten:

• Die Wissensbasis eines Expertensystems kann nie alle Zusammenhänge eines Wissensgebietes beinhalten und das gespeicherte **Wissen ist deshalb stets unvollständig**.

• Die Verarbeitung größerer Daten- und Regelmengen mit wissensbasierten Expertensystemen ist weniger effizient als mit konventionell programmierter Software und daher oft ziemlich **langsam**. Der Einsatz eines Expertensystems zur Störfallbehandlung erfordert jedoch **kurze Antwortzeiten** (< einige Minuten), die wissensbasiert nur schwer sichergestellt werden können.

• Außerdem treten während des Betriebs wissensbasierter Systeme häufig **Probleme mit der Wartung der Wissensbasis** auf; Veränderungen in Struktur oder Auslegung des Produktionsprozesses haben erhebliche Auswirkungen auf die entscheidungsrelevanten Zusammenhänge, weswegen oft relativ große Teile der Wissensbasis angepaßt werden müssen.

• Aufgrund der **stochastischen Einflüsse aus dem Produktionsprozeß** ist eine einmal getroffene Entscheidung, die unter ausschließlich vorhersehbaren Umständen das Optimum gewesen wäre, rückblickend häufig nur bedingt von Erfolg gekrönt. Die **absolut optimale und störungsfreie Führung des Prozesses** kann daher **prinzipiell nicht erreicht** werden, auch nicht mit Hilfe wissensbasierter Systeme.

Im Rahmen der Produktionsregelung können anstehende Strategieentscheidungen dem **Fachpersonal in einem regelnden Leitstand** mit Hilfe entscheidungsunterstützender, wissensbasierter Expertensystemen zwar nicht abgenommen, aber erleichtert werden. Weiter erhöhen läßt sich die Sicherheit bei der Entscheidungsfindung, indem erfolgversprechende Alternativen vor ihrer Durchsetzung im Produktionsprozeß zunächst in der Simulation "ausprobiert" werden (vgl. Kap. 5).

8 Basiskomponenten und Integration des Gesamtsystems

Kapitel 8 stellt möglichst knapp weitere Grundbausteine vor, die für das Zusammenwirken der in den Kapiteln 5 mit 7 beschriebenen Komponenten des verteilten Produktionsregelsystems erforderlich sind.

8.1 Funktionsunterstützende Module des Produktionsregelsystems

8.1.1 Ereignisorientierter Simulator

Die Anwendung der Simulationstechnik im Rahmen der Produktionsregelung erfordert neben dem Simulationsmodell einen Simulator, der folgenden Anforderungen gerecht werden muß (vgl. Kap. 2.3.3 und 5.3):

- Aufgrund der z.T. hohen Komplexität müssen größere Modelle aus mehreren **inhaltlich gegliederten Teilmodellen** zusammengesetzt werden können.

- Komfortable Mechanismen für die **Auswertung von Simulationsläufen** (Datenkollektoren) und

- **ausreichende Schnittstellen** zum Dateisystem sowie zu anderen Rechenprozessen werden benötigt.

- Verschiedene Zufallsgeneratoren, die **zufällige Schwankungen** nach unterschiedlichen statistischen Verteilungen erzeugen können, müssen vorhanden sein.

- Ein **ereignisorientierter Simulationstreiber** muß das zeitgerechte Aufrufen und vollständige Abarbeiten einzelner Ereignisse während der Simulation übernehmen;

- der Simulationstreiber muß in allen Teilen **besonders effizient** arbeiten, weil jede modellbasierte Simulation ohnehin **rechenintensiv** ist und für Simulationsuntersuchungen im Rahmen der Entscheidungsunterstützung **lediglich kurze Antwortzeiten tolerierbar** sind.

- Außerdem muß innerhalb des Simulationstreibers die Ausführung bestimmter Ereignisse von verschiedenen, auf den Zustand des Simulationsmodells bezogenen **Bedingungen** abhängig gemacht werden können.

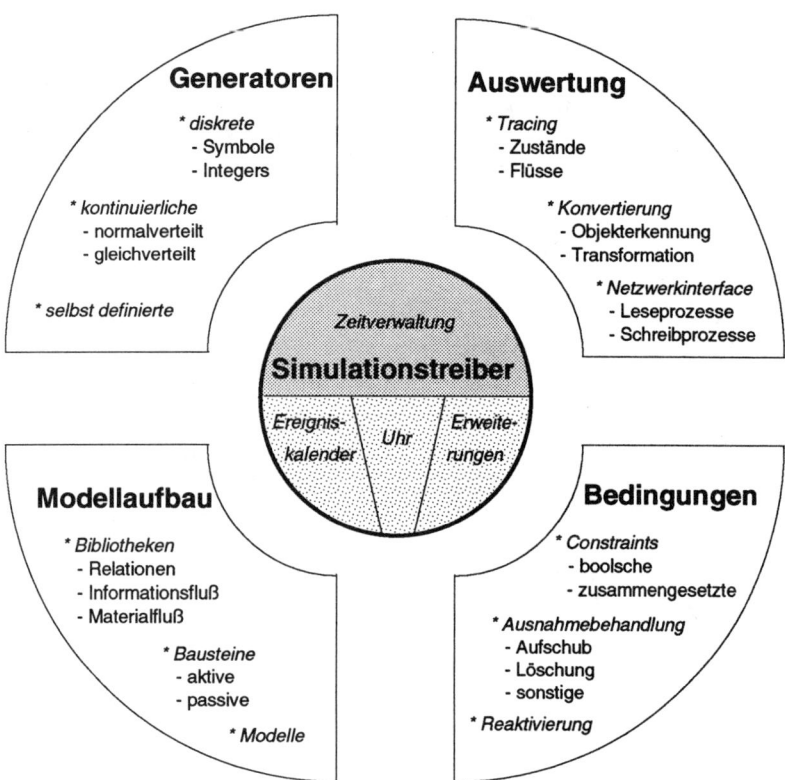

Bild 8-1: Aufbau des ereignisorientierten Simulators

Da gegenwärtig erhältliche Simulatoren nicht über die nötige **offene System-architektur** verfügen, häufig zu **ineffizient** arbeiten und auch nicht optimiert oder erweitert werden können, wurde im Rahmen der vorliegenden Arbeit ein eigener **ereignisorientierter, wissensbasierter Simulator** entworfen und implementiert, der schnittstellenkompatibel zu dem kommerziellen Simulationspaket SimKit ist (Bild 8-1).

Der entwickelte Simulator erfüllt die oben genannten Bedingungen und stellt Zufallszahlengeneratoren, Auswertungshilfsmittel, offene (Netzwerk-) Schnittstellen und einen **ereignisorientierten und bedingungsgesteuerten Simulationstreiber** zur Verfügung (Bild 8-2).

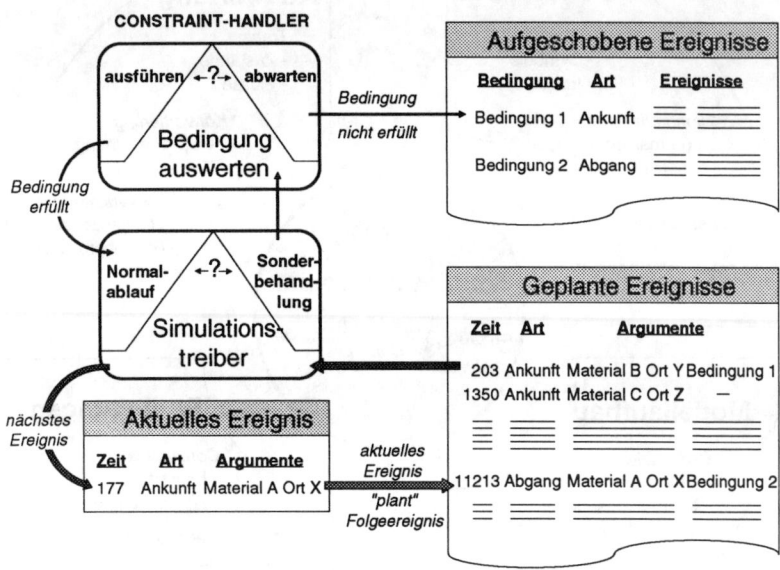

Bild 8-2: Funktionsweise des ereignisorientierten, bedingungsgesteuerten Simulationstreibers

Die einzelnen Ereignisse eines Simulationslaufs werden dabei vom Simulationstreiber, geordnet nach dem geplanten Zeitpunkt ihrer Ausführung, in einer Liste geführt (**geplante Ereignisse**). Sobald der Zeitpunkt der Ereignisausführung erreicht ist, wird für jedes aktuell anstehende Ereignis geprüft, ob alle **Ausführungsbedingungen** erfüllt sind. Falls diese Bedingungen nicht zutreffen, wird das Ereignis aufgeschoben und kann später reaktiviert werden.

Zum Beispiel erfordert das Abliefern einer Teilmenge Materials an einem Puffer dort freien Platz, sonst darf dieses Ereignis nicht wie gewöhnlich abgearbeitet werden; das "verhinderte" Ereignis, dessen geplanter Ausführungszeitpunkt erreicht bzw. bereits überschritten ist, muß aufgeschoben werden und solange warten, bis der Puffer wieder aufnahmefähig wird.

Der entwickelte **ereignisorientierte und bedingungsgesteuerte Simulator** sorgt im Verlauf für die Überwachung aller zunächst nicht erfüllten Bedingungen (über sog. Active Values) und reagiert prompt auf das "Wahrwerden" einzelner Bedingungen, indem die entsprechenden zurückgestellten Ereignisse **baldmöglichst zur Ausführung gebracht** werden.

Die Möglichkeit, **Sonderbehandlungen** für zum vorgesehenen Zeitpunkt nicht ausführbare Ereignisse **innerhalb des Simulationstreibers** vorsehen zu können, ist für das in Kapitel 5 vorgestellte Simulationsmodell von großer Bedeutung, weil sich so bestimmte **Restriktionen** (z.B. beschränkte Ressourcen) wirklichkeitsnah abbilden lassen.

8.1.2   Relationale Datenbasis

Für vergleichende Untersuchungen müssen wesentliche **Informationen aus verschiedenenen Simulationsläufen** (z.B. Ereignisse während der Auftragsabwicklung) in einer außerhalb des Simulators liegenden, **komponentenübergreifenden Datenbasis** abgespeichert werden können. Außerdem existieren in einem Simulationsmodell **strukturelle Informationen** (z.B. bzgl. des Anlagenlayouts), welche von mehreren Systemkomponenten benötigt werden (z.B. Anlagenmonitor).

Die Struktur der relationalen Datenbasis des Produktionsregelsystems zeigt Bild 8-3.

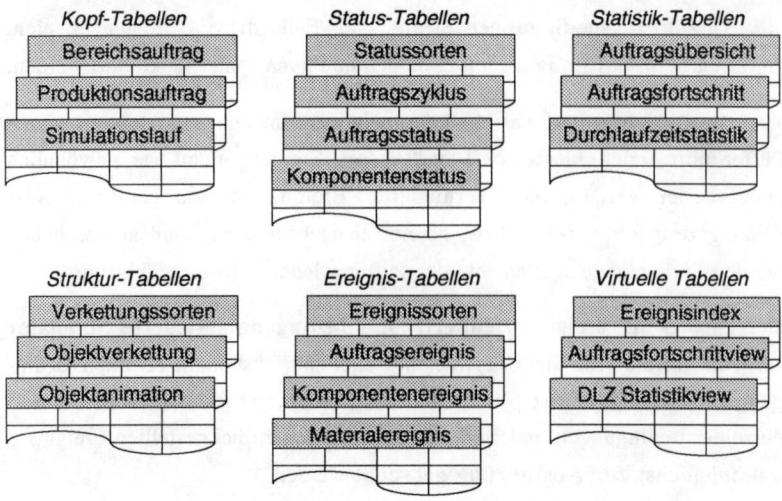

Bild 8-3: Datenbankstruktur der relationalen Regelungs-Datenbasis

Neben dem **Anlagenlayout** und den **Bezeichnungen aller Status** können dort für verschiedene Simulationsläufe **auftrags- und komponentenbezogene Ereignisse** (Zustandsübergänge) sowie die **Kenndaten der Aufträge** und **Statistiken** abgelegt werden (Bild 8-4).

Weil bei Simulationsuntersuchungen u.U. sehr viele zu speichernde Ereignisse auftreten können, kommt einer **effizienten Organisation** der Datenbasis und dem speicherplatzsparenden **Aufbau der Ereignistabellen** besondere Bedeutung zu. Wie Untersuchungen gezeigt haben, ist die **zu speichernde Datenmenge** auch mit einem – meist relativ langsamen – relationalen Datenbanksystem zu bewältigen, wenn bei der Festlegung der Datentypen **kein unnötiger Speicherplatz verschenkt** wird. Durch das Vermeiden von **Redundanzen**, durch frühzeitiges Berücksichtigen der benötigten Zugriffsmerkmale und durch die **Optimierung der Datenbankzugriffe** lassen sich die in Kauf zu nehmenden Verluste bzgl. der Simulationsgeschwindigkeit deutlich reduzieren.

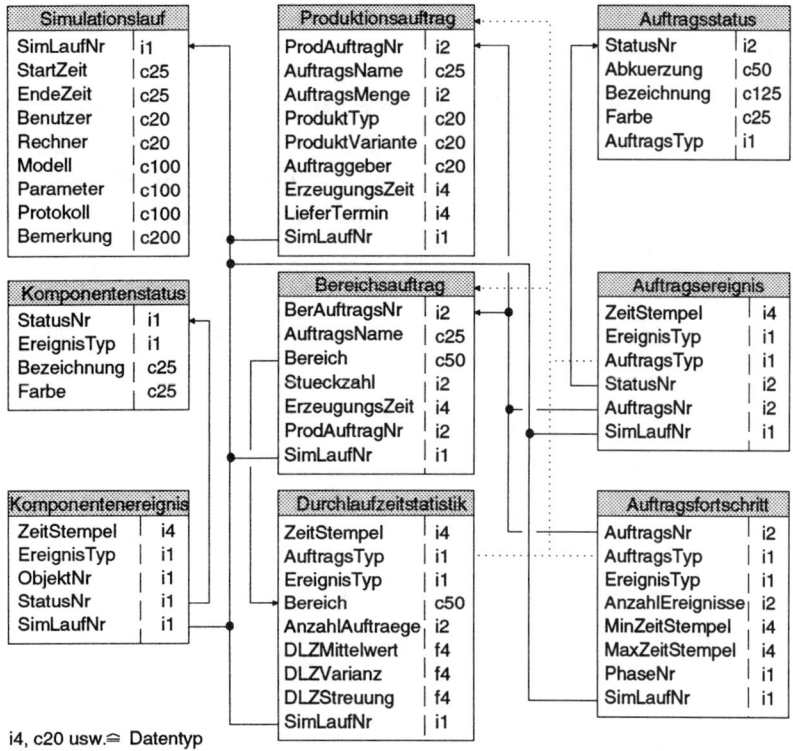

i4, c20 usw. ≙ Datentyp

⟶ ≙ Eindeutiger Zugriff über Primärschlüssel ⋯⋯▸ ≙ Programminterne Zugriffsinformation

Bild 8-4: Struktur einzelner Tabellen der relationalen Datenbasis

8.2 Integration der verteilten Systembestandteile

8.2.1 Verteilung der Einzelkomponenten im Rechnernetz

Der Aufbau eines Produktionsregelsystems aus im Rechnernetz verteilbaren Einzelkomponenten erhöht wesentlich die **Flexibilität** und die **Verarbeitungs-geschwindigkeit**, bringt aber einen erhöhten **Aufwand bei der Integration der Module** mit sich (zum verteilten Systemkonzept vgl. Kap. 4.3). Die Architektur der einzelnen Bausteine muß ausreichend **offen** oder **erweiterbar** sein, damit über **spezielle Schnittstellen** (Interfaces) und **Mechanismen**

(Interprozeßkommunikation) mit anderen Komponenten direkt Daten ausgetauscht werden können (vgl. Kap. 3.2.2).

Wenn mehrere **verteilte Einzelsysteme** ereignisorientiert zusammenarbeiten sollen, d.h. wenn sie direkt auf aus dem Produktionsprozeß kommende Ereignisse reagieren müssen, reicht die im CIM-Bereich üblicherweise angewandte **lose Kopplung über gemeinsame Datenbestände** nicht aus; eintreffende Ereignisse müssen unmittelbar den betroffenen Komponenten mitgeteilt werden können. Erforderlich dafür ist eine **enge Kopplung über permanent aufrechterhaltene Kommunikationskanäle** (verbindungsorientiert), über die verschiedene Systeme jederzeit direkt kommunizieren können.

In Bild 8-5 sind die Bestandteile des verteilten Produktionsregelsystems inhaltlich zu drei **Aufgabenblöcken** zusammengefaßt, die auf **unterschiedlichen Rechnern** ablauffähig sind:

- Die **modellbasierte Simulation** sowie die wissensbasierte **Entscheidungsunterstützung in Störsituationen** (im Bild als Regelung bezeichnet) bilden einen zusammengehörigen Block, weil beide besonders eng zusammenwirken und innerhalb einer Expertensystemshell realisiert sind.

- Die **ereignisorientierten graphischen Monitorsysteme** sind als Visualisierung zusammengefaßt. Diese **Systeme** sind noch **weiter verteilbar** und können, anstatt auf einem Rechner, auch jedes auf einem eigenen Rechner ablaufen.

- Die **relationale Datenbasis** sowie einige Dienstroutinen zur **Datenvorverarbeitung** und **statistischen Auswertung** bilden den Block der Datenhaltung.

Bild 8-6 zeigt das **Prozeßabbild** des entworfenen Systems; zu den einzelnen Aufgabenblöcken sind jeweils die zugehörigen Rechenprozesse sowie die Kommunikationskanäle eingezeichnet. Der sehr gehaltvolle **KEE-/Lisp-Prozeß** (Simulation und Regelung) wurde im Rahmen dieser Arbeit um geeignete Schnittstellen erweitert, die im Bild u.a. als Leseprozesse erkennbar sind.

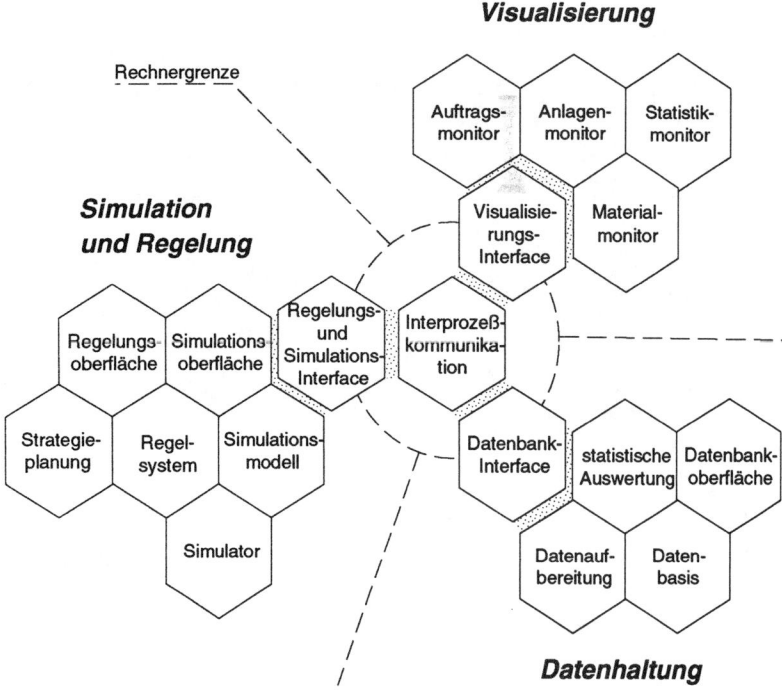

Bild 8-5:   *Verteilung der Aufgabenblöcke auf verschiedene Rechner*

Die Kommunikation zwischen den verschiedenen Rechenprozessen erfolgt über unterschiedliche Mechanismen (Pipes, Sockets). Auf der Seite von Simulation und Entscheidungsunterstützung (Regelung) sowie auf Seiten der Datenbank wird die Kommunikation über im Hintergrund ablaufende, unter Unix i.allg. als **Daemonen** bezeichnete Prozesse abgewickelt, welche hier ständig eine **Verbindung** zu ihren Kommunikationspartnern aufrechterhalten; in die Monitorsysteme (Anlagen-/Auftragsmonitor) konnte implementationsbedingt die Kommunikationsschnittstelle direkt integriert werden.

Ein zusätzlicher **Verbindungsmanagerprozeß** stellt auf Anforderung die eingezeichneten Verbindungen her und startet die notwendigen **Hintergrundprozesse**.

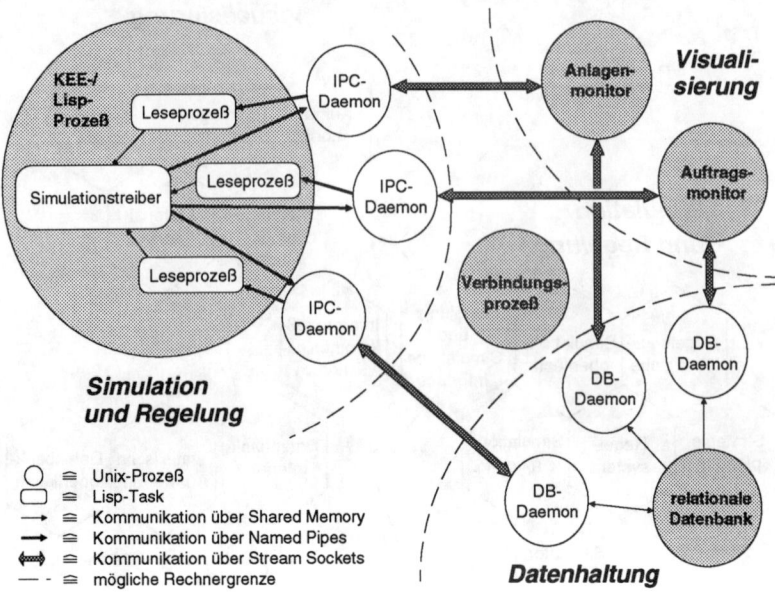

Bild 8-6: Rechenprozesse und Kommunikation innerhalb des Produktions-regelsystems

8.2.2 Ereignisorientierte Kopplung über Interprozeßkommunikation

Da gegenwärtig noch keine geeigneten komfortablen, herstellerunabhängigen oder standardisierten **Programmbibliotheken** für Interprozeßkommunikation (IPC) unter Unix angeboten werden, wurde im Rahmen der vorliegenden Arbeit ein eigener **Interprozeßkommunikationsmechanismus** konzipiert und realisiert (Bild 8-7).

Dieser Mechanismus stellt die zur Integration der verteilten System-komponenten erforderlichen Kommunikationsmöglichkeiten zwischen Rechen-prozessen auf unterschiedlichen Rechnern zur Verfügung. Die Abwicklung der Kommunikation erfolgt dabei **netzwerktransparent**, d.h. die IPC-Komponente ist in der Lage, Informationen unabhängig von der architektur-spezifischen Datenrepräsentation auf den beteiligten Rechnern (16bit, 32bit

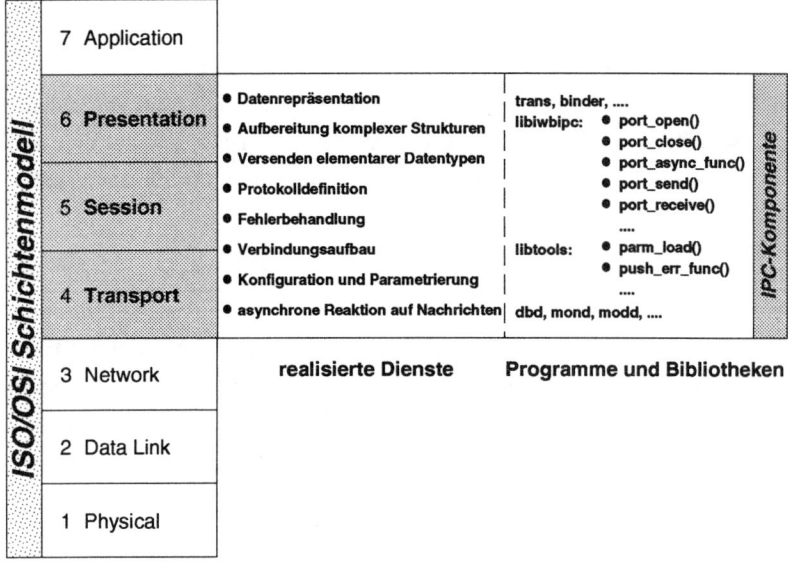

Bild 8-7: Einordnung der IPC-Komponente im ISO/OSI-Modell

usw.) über **beliebige Transportmechanismen** und Protokolle (TCP/IP etc.) auszutauschen.

Die entwickelten **Komponenten des Produktionsregelsystems** (Einzelsysteme) können damit innerhalb eines lokalen Netzes nach Belieben **auf verschiedene Rechner verteilt** werden. Daten können trotzdem auf einfache Weise ausgetauscht und Ereignisse mitgeteilt werden; das ereignisorientierte Reagieren verschiedener Teilsysteme auf bestimmte Nachrichten wird so ermöglicht. Die **Ereignisorientierung der gesamten entwickelten Produktionsregelungssoftware** gewährleitet, daß alle Systembestandteile permanent die neuesten Informationen über Komponentenzustände und Auftragsfortschritt kennen. Nur so können **unnötige Zeitverluste vermieden** und eine **zeitnahe sowie situationsangepaßte Regelung** des Produktionsprozesses erreicht werden.

9   Zusammenfassung und Ausblick

Bedingt durch den allgemein steigenden Kosten- und Termindruck sowie durch die wachsende Komplexität moderner Produktionsanlagen gewinnt eine **eng an die Produktionsabläufe angelehnte, flexible und situationsangepaßte Führung** der Produktionsprozesse immer größere Bedeutung.

Durch **organisatorische Optimierungen** kann der "Wirkungsgrad" der Produktionssteuerung erhöht werden. Stockungen im Material- und Informationsfluß lassen sich z.T. vermeiden. Ein **verbesserter Fließgrad** des Produktionsprozesses führt zu niedrigeren **Umlaufbeständen,** kürzeren **Durchlaufzeiten** sowie höherer **Termintreue** und trägt so zur Senkung der Kosten bei.

Dafür werden **neuartige Rechnerhilfsmittel** benötigt, die im Rahmen der Produktionsleittechnik Reaktionszeiten verkürzen und den Überblick sowie die Entscheidungskompetenz des Fachpersonals erhöhen. **Ziel der vorliegenden Arbeit** war es, von einem gesamtheitlichen Ansatz ausgehend, anwendungsorientiert **Wege zur Umsetzung dieser Forderung** aufzuzeigen und exemplarisch die vorgeschlagenen **Rechnerhilfsmittel zu implementieren.**

Den **Kern der angestellten Überlegungen** bildet die Analogie, einen Produktionsprozeß zusammen mit den angeschlossenen Systemen der Produktionsleittechnik als **Regelkreis** zu betrachten. Weil bisher jedoch für diskrete ereignisorientierte Produktionsprozesse **ausreichende analytische Beschreibungsverfahren** nicht bekannt sind, konzentriert sich der entwickelte **Ansatz zur Produktionsregelung** auf eine **Umsetzung als offener Regelkreis** mit menschlichen Entscheidungsträgern als letzter Instanz.

Aufbauend auf dieser **kybernetischen Betrachtungsweise** wurde ein allgemeines, auf verschiedene Organisationstypen und Produktionsstrukturen anwendbares **Konzept** erarbeitet, das **die Erweiterung der Produktionssteuerung zur Produktiosregelung** über aufgabenunterstützende Systemkomponenten vorschlägt. Diese Systemkomponenten sollen in EDV-gestützten, regelnden Leitständen zum Einsatz kommen und dort **Entschei-dungsunterstützung** anbieten (Bild 9-1).

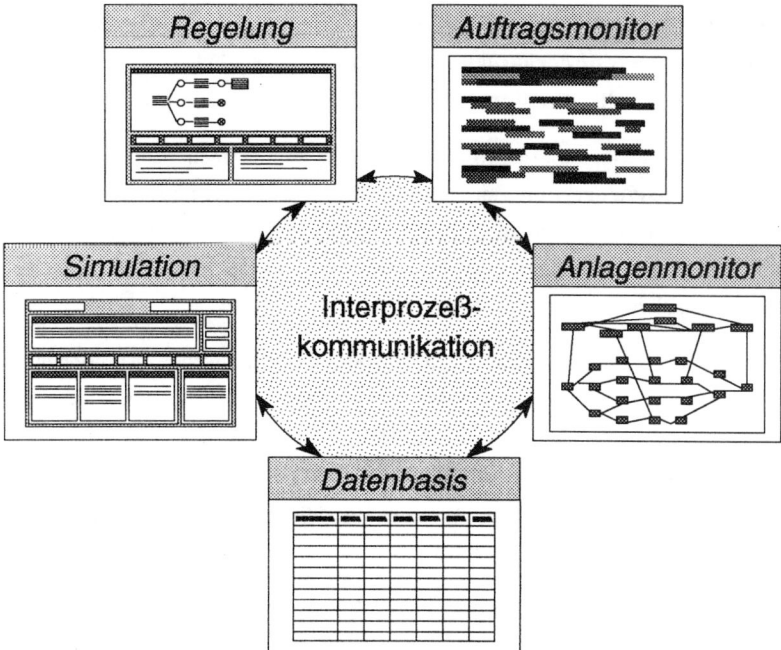

Bild 9-1: Realisierte Komponenten des verteilten Produktionsregelsystems

Das Konzept stützt sich im wesentlichen auf die **modellbasierte Simulation** von Informations- und Materialflüssen, die **graphische Visualisierung** von aktueller Situation und erreichtem Produktionsfortschritt, die **statistische Aufbereitung** der Betriebsdaten sowie **wissensbasierte Unterstützung** bei der Strategieplanung.

Die Simulation erlaubt Was-wäre-wenn-Betrachtungen und ermöglicht dadurch ein **iteratives Vorgehen bei der Entscheidungsfindung.** Die fortlaufende Visualisierung von Anlagenzustand und Auftragsfortschritt, bei der die gegenwärtige Situation zusammen mit den Daten zurückliegender Situationen in

Relation zur Planung verdeutlicht wird, verbessert den **Gesamtüberblick** und hilft, Störungen sowie Abweichungen von den Planvorgaben bereits **frühzeitig zu erkennen.** Statistische Auswertungen der Durchlaufzeiten und Bestandshöhen verschaffen zusätzliche Informationen und ermöglichen das **Erkennen sich abzeichnender Trends.** Wissensbasierte Planungswerkzeuge können weitere, aktive **Entscheidungsunterstützung** bieten, indem sie direkt eine situationsangepaßte **Handlungsweise planen und vorschlagen.**

Für die Umsetzung dieses Konzeptes wurde im Rahmen der vorliegenden Arbeit ein **modulares, im Rechnernetz verteiltes System** entworfen, dessen wichtigste Einzelkomponenten auch realisiert und über einen **Interprozeßkommunikationsmechanismus** sowie eine komponentenübergreifende **Datenbasis** integriert wurden (vgl. Bild 9-1).

Diese auf Arbeitsplatzrechnern ablauffähigen, graphischen Komponenten können dabei zunächst parallel neben ggf. bereits vorhandenen PPS- bzw. Leitsystemen betrieben werden. Insgesamt ist aber eine **Verschmelzung** der entwickelten entscheidungsunterstützenden Komponenten mit konventionellen Systembausteinen der Produktionsplanung und -steuerung zu **modularen Produktionsregelsystemen** anzustreben.

Fernziel der Überlegungen zum Thema Produktionsregelung ist es, über ein **kaskadiertes System regelnder Leitstände** sämtliche Produktionsaufträge während aller Phasen des Durchlaufs **schritthaltend koordinieren** und damit die Abwicklung der Kundenaufträge in der Produktion **wirkungsvoll optimieren** zu können. Mit Hilfe der vorgeschlagenen Produktionsregelung kann dieses Ziel erreicht werden, wenn auf allen Ebenen entsprechende **entscheidungsunterstützende Systemkomponenten** zum Einsatz kommen und regelnd einwirken.

10   Literaturverzeichnis

[AHRE 90]   Ahrens, K., Götz, E. und Möbus, J. "**Produktionsleittechnik: Diver-gierende Begriffe in Verfahrenstechnik und Fertigungstechnik**" atp 32 (1990) Nr. 10, S. 495-499

[AHRN 87]   Ahrens, W. "**Einsatz von Expertensystemen in der Prozeßleittech-nik**" atp 29 (1987) Nr. 10, S. 475-485

[AHRN 87a]   Ahrens, W. "**Wissensrepräsentationen in der Prozeßleittechnik**" mpa (1987) Nr. 11, S. 650-660

[ALLE 84]   Allen, J.F. "**Towards a General Theory of Action and Time**" Artificial Intelligence 23 (1984) Nr. 2, S. 123-154

[AMAN 90]   Amann, W. und Hartberger, H. "**Produktionssysteme modellieren und simulieren**" ZwF 85 (1990) Nr. 7, S. 348-351

[ARPI 77]   Arping, H. **Beitrag zur Fertigungsregelung mit automatisierter Entscheidungshilfe im Störungsfall bei Einzel- und Kleinserien-fertigung**. Diss. FIR RWTH Aachen, 1977.

[AWF 85]   AWF [Hrsg.] **Integrierter EDV-Einsatz in der Produktion** : CIM Computer Integrated Manufacturing : Begriffe, Definitionen, Funk-tionszuordnungen. Empfehlungen des Ausschuß für Wirtschaftliche Fertigung. 1985.

[BACH 88]   Bachmann, R. und vom Felde, M. "**Beobachterverfahren zur Re-gelung und Überwachung chemischer Prozesse**" atp 30 (1988) Nr. 12, S. 581-585

[BÄTG 83]   Baetge, J. "**Thesen zur Wirtschaftskybernetik**" in: Baetge, J. [Hrsg.] Kybernetische Methoden und Lösungen in der Unternehmens-praxis : Vorschläge für betriebliche Regelungsmechanismen. Berlin: Erich Schmidt, 1983. S. 11-24

[BAIT 87]   Baitella, R. **Flexibles Produktionsmanagent** : Grundlagen eines Expertensystems für die Produktionsdiagnose mit PPS-Daten. Zürich: Industrielle Organisation, 1987.

[BALZ 89]   Balzer, H. "**Synchronisation der Fertigungsabläufe mit kurzfristi-ger Fertigungssteuerung**" VDI-Z 131 (1989) Nr. 8, S. 93-96

[BEIE 89]   Beier, H.H. "**Die Qualität der Werkstattsteuerung sichert PPS-Planungsergebnisse**" CIM-Management 5 (1989) Nr. 3, S. 49-52

[BEND 87]   Bendt, W., Brantner, K., Thome, H.G. und Wienecke-Toutaoni, B. "**Modellebenen**" in: Simulationstechnik. Fachbericht Informatik 150. Berlin: Springer, 1987. S. 103-118

[BERN 86]   Berner, E. "Fertigungsregelungssystem in einem Unternehmen der Feinwerktechnik" AV 23 (1986) Nr. 3, S. 100-103

[BIER 87]   Biermann, H. "Fertigungssteuerungssysteme im K WF Standort Bocholt" in: Wildemann, H. [Hrsg.] Planen und Steuern der Produktion : Planen und Steuern in CIM. Tagungsbericht. München: gfmt, 1987. S. 637-648

[BÖRN 86]   Börnecke, G. "Die moderne Fabrik als Herausforderung an die Meß- und Regelungstechnik" in: Tagungsband zur Interkarma '86. S. 1-32

[BÖRN 88]   Börnecke, G. "Fließfertigungskonzepte für variantenreiche Produkte" in: Milberg, J. [Hrsg.] Münchener Kolloquium '88 : Wettbewerbsvorteile durch Integration in Produktionsunternehmen. Tagungsband. Berlin: Springer, 1988. S. 251-284

[BÖRN 88a]   Börnecke, G. Geregelter Materialfluß in diskreten Prozessen durch Überwindung der losweisen Fertigung. Vortragsmanuskript der SIEMENS AG. 1988.

[BRAN 68]   Brankamp, K. Ein Terminplanungssystem für Unternehmen der Einzel- und Serienfertigung. Würzburg: Physica, 1968.

[BULL 89]   Bullinger, H.-J. "Expertensysteme in der Produktion" FhG-Berichte (1989) Nr. 1, S. 7-13

[BURG 90]   Burger, C. "Produktionsregelung für auftragsbezogene Serienproduktion" wt 80 (1990) Nr. 10, S. 569-572

[BURG 91]   Burger, C. und Zetlmayer, H. "Produktion regeln statt steuern" in: Die neue Fabrik : Denkmodelle und Pilotanlagen : Beiträge aus der Forschung für die Produktion von morgen. Sonderpublikation zum Münchener Kolloquium '91. Landsberg: MI, 1991. S. 45-48

[BURG 91a]   Burger, C. und Zetlmayer, H. "Produktionsregelung : Flexibilität und Transparenz der Produktionssteuerung durch entscheidungsunterstützende Informationssysteme" in: Kuhn, A. [Hrsg.] Produktionslogistik '91. Tagungsband. München: gfmt, 1991. S. 101-136

[BUSC 87]   Busch, U. "Bestandsgeregelte Durchfluß-Steuerung (BGD)" CIM-Management 3 (1987) Nr. 1, S. 18-23

[BUSC 89]   Busch, U. Entwicklung eines PPS-Systems : Praktische Anleitung für Auswahl und Realisierung von Produktions-Planungs- und -Steuerungssystemen. 2. Auflage. Berlin: Erich Schmidt, 1989.

[BUSC 90]   Busch, U. "Produktions-Planung, -Steuerung und -Regelung 'PPSR'" CIM Management (1990) Nr. 5, S. 54-58

[BUSH 89]   Busche, R. und Krickhahn, R. "Modellgestützte Entwicklung eines wissensbasierten Systems für die Fehlerdiagnose in komplexen Industrieanlagen" KI (1989) Nr. 3, S. 4-13

[DANG 86]   Dangelmaier, W. und Aldinger, L. "**Kurzfristige Fertigungssteue-rung mit Leitständen**" wt 76 (1986) Nr. 2, S. 101-104

[DANG 88]   Dangelmaier, W. "**Auftragsteuerung in einem CIM-Konzept**" in: Fertigungstechnisches Kolloquium. Tagungsband zum FTK '88 in Stuttgart. Berlin: Springer, 1988. S. 37-43

[DANG 90]   Dangelmaier, W., Hühnle, H. und Mussbach-Winter, U. "**Einsatz von künstlicher Intelligenz bei der Produktionsplanung und -steue-rung**" CIM-Management 6 (1990) Nr. 1, S. 4-8

[DANG 90a] Dangelmaier, W., Stahl, W. und Wiedenmann, H. "**Fertigungssteue-rung – Ein Konzept für die Zukunft der flexiblen Fertigung**" FhG-Berichte (1990) 2, S. 4-15

[DOMB 88]   Dombrowski, U. **Qualitätssicherung im Terminwesen der Werk-stattfertigung**. Diss. IFA Univ. Hannover, 1988.

[DÖRK 73]   Dörken, W. "**Simulationsmodelle und ihre Anwendung bei der Analyse von Prioritätsregeln zur Maschinenbelegungsplanung**" AV 10 (1973) Nrn. 3 und 4, S. 89-95 und 115-122

[DROS 65]   Droscha, H. "**Optimierung der Produktion durch Fertigungsrege-lung** : mit datenverarbeitendem 'Real-Time'-System" ZwF 60 (1965) Nr. 5, S. 221-225

[EICH 90]   Eichiner, F. und Meindl, E. "**Reihenfolgeoptimierung mit Metho-den der 'Künstlichen Intelligenz'**" CIM-Management 6 (1990) Nr. 1, S. 63-67

[ELM 72]   Elm, W.A. **Das Management-Informationssystem als Mittel der Unternehmensführung**. Berlin: Walter de Gruyter, 1972.

[ENGE 89]   Engell, S. und Moser, M. "**Regelung flexibler Fertigungssysteme**" FhG-Berichte (1989) Nr. 4, S. 25-30

[EVER 88]   Eversheim, W. und Thome, H.G. "**Simulation in der Werkstatt**" CIM-Management 4 (1988) Nr. 2, S. 9-15

[EVER 90]   Eversheim, W. **Organisation in der Produktionstechnik**. 2. Auflage. Band 1: Grundlagen. Band 4: Fertigung und Montage. Düsseldorf: VDI, 1990 bzw. 1989.

[FOCK 88]   Focke, K. und Mensel, G. "**Werkstattsteuerung – Konzept eines ganzheitlichen Fertigungsinformationssystems**" wt 78 (1988) Nr. 7, S. 412-415

[FOLD 90]   Foldenauer, J. **Wissensbasierte Analyse von Fließlinien** : Ein Ex-pertensystem zur Beurteilung von verketteten Prozessen. zugl.: Diss. Univ. Karlsruhe u.d.T.: Ein constraint-basiertes Analysesystem für Fließfertigungen. Düsseldorf: VDI, 1990.

[FORS 91]   Milberg, J., Schmidt, K.-U. und Burger, C. "**Produktionsregelung für die Serienfertigung variantenreicher Produkte am Beispiel** von **Kommunikationsendgeräten**" in: 1. Kolloquium des Bayerischen Forschungsverbunds Systemtechnik. Tagungsband. München: TU, Lehrstuhl für Thermodynamik A, 1991.

[FÖRS 88]   Förster, H.-U. und Hirt, K. **PPS für die flexible Automatisierung** : Optimale Steuerung einer Werkstatt mit Flexiblen Fertigungszellen (FFZ). Köln: TÜV Rheinland, 1988.

[FOX 87]   Fox, M. **Constraint-Directed Search: A Case Study of Job-Shop Scheduling.** Los Altos, CA: Morgan Kaufmann, 1987.

[FRÜC 87]   Früchtenicht, H.W. und Wittig, T. **"Ein Ansatz für Echtzeit-Expertensysteme"** atp 29 (1987) Nr. 2, S. 78-81

[GAIN 88]   Gaines, B.R. **"Rapid Prototyping for Expert Systems"** in: Oliff, M.D. [Edit.] Intelligent Manufacturing : Proceedings from the First International Conference on Expert Systems and the Leading Edge in Production Planning and Control. Menlo Park, CA: Benjamin/ Cummings, 1988. P. 45-73

[GEIT 87]   Geitner, U.-W. **Betriebsinformatik für Produktionsbetriebe.** Teil 3: Methoden der Produktionsplanung und -steuerung. Teil 4: Systeme der Produktionsplanung und -steuerung. München: Hanser, 1987.

[GEIT 88]   Geitner, U.W. **"Expertensystemgestützter Auftragsleitstand in einer CIM-Umgebung"** ZwF 83 (1988) Nr. 5, S. 239-242

[GEIT 88a]   Geitner, U.W. **"Der technische Leitstand in einer CIM-Umgebung"** CIM-Management 4 (1988) Nr. 2, S. 4-8

[GEIT 90]   Geitner, U.W., Scheibe, W. und Buckert, W. **"Variantenreiche Serienfertigung steuern** : Eine neue Leitstandskonzeption" ZwF 85 (1990) Nr. 5, S. 281-284

[GOSD 87]   Gosda, M. **"PC Einsatz für die Elektronikfertigung: Simulation hilft Gestalten und Steuern"** in: Biethahn, J. und Schmidt, B. [Hrsg.] Simulation als betriebliche Entscheidungshilfe : Methoden, Werkzeuge, Anwendungen. Berlin: Springer, 1987. S. 225-235

[HACK 89]   Hackstein, R. **Produktionsplanung und -steuerung (PPS)** : Ein Handbuch für die Betriebspraxis. 2. Auflage. Düsseldorf: VDI, 1989.

[HAHN 90]   Hahn, D. und Laßmann, G. **Produktionswirtschaft – Controlling industrieller Produktion.** Band 1: Grundlagen, Führung und Organisation, Produkte und Produktionsprogramm, Material und Dienstleistungen. Band 2: Prozeßplanung, -steuerung und -kontrolle. 2. Auflage. Heidelberg: Physica, 1990.

[HART 90]   Hartberger, H. **Wissensbasierte Simulation komplexer Produktionssysteme.** Diss. iwb TU München, 1990.

[HELB 87]   Helberg, P. **PPS als CIM-Baustein** : Gestaltung der Produktionsplanung und -steuerung für die computerintegrierte Produktion. Berlin: Erich Schmidt, 1987.

[HELD 90]   Held, H.-J., Lamatsch, A., und Plagwitz, J. **"Fertigungsplanung und -kontrolle auf der Basis wissensbasierter Werkstattsteuerung"** CIM-Management 6 (1990) Nr. 1, S. 22-29

[HERT 89]   Herterich, R. und Zell, M. **"Konzeption eines Entscheidungsunterstützungssystems für die dezentrale Fertigungssteuerung"** Information management (1989) Nr. 1, S. 12-20

[HEUS 89]   Heusler, H.-J. **Rechnerunterstützte Planung flexibler Montagesysteme.** Diss. iwb TU München, 1989.

[HICK 88]   Hicks, C., Braiden, P.M. and Simmons, J.E.L. **"A Simulation Model of Hierarchical Production Control Systems in Make to Order Manufacturing"** Proceedings from the Fourth International Conference in Manufacturing. P. 45-52

[HOLZ 84]   Holzkämper, R. **"Konzeption eines Kontroll- und Diagnosesystems zur Überwachung des Fertigungsablaufs"** in: Statistisch orientierte Fertigungssteuerung : Grundlagen, Systeme, Anwendungserfahrungen. Fachdokumentation zum IFA-Seminar 1984. München: gfmt, 1984. S. 175-189

[HOLZ 87]   Holzkämper, R. **Kontrolle und Diagnose des Fertigungsablaufs auf der Basis des Durchlaufdiagramms.** Diss. IFA Univ. Hannover, 1987.

[HUBE 86]   Huber, A. **"Wissensbasierte Echtzeit-Steuerung in CIM"** CIM-Management 2 (1986) Nr. 4, S. 94-97

[HUBE 90]   Huber, A. **Wissensbasierte Überwachung und Planung in der Fertigung.** zugl. Diss. TU Berlin, 1989. Berlin: Erich Schmidt, 1990.

[HUBE 90a]   Huber, A. und Krallmann, H. **"Zeitrepräsentation in der industriellen Produktionsplanung und -steuerung"** KI (1990) Nr. 3, S. 4-11

[INTE 90]   N.N. **"Der Fertigungsregelkreis als Ziel"** Interview von H.-P. Wiendahl und W. Bechte. CIM-Praxis (1990) Nr. 9, S. 44-45

[JIRA 72]   Jirasek, J. und Mai, D. **Kybernetisches Denken in der Betriebswirtschaft** : Zur Nutzanwendung der Kybernetik in der Praxis der Unternehmensführung. Berlin: Erich Schmidt, 1972.

[JIRA 77]   Jirasek, J. **Das Unternehmen ein kybernetisches System.** Berlin: Erich Schmidt, 1977.

[JORI 90]   Jorichs, H. und Guschok, I. **"Bereit zu permanenter Optimierung"** in: Bonny, C. [Hrsg.] Jahrbuch der Logistik 1990. Düsseldorf: Handelsblatt, S. 265-267

[JÜNE 89]   Jünemann, R. **Materialfluß und Logistik** : Systemtechnische Grundlagen mit Praxisbeispielen. Berlin: Springer, 1989.

[KANE 91]   Kanet, J.J. **"Der Blick über die Grenzen** : Internationale Perspektiven für die PPS-Weiterentwicklung in den neunziger Jahren" in: AWF [Hrsg.] PPS '91. Tagungsband. Bad Soden: AWF, 1991.

[KANG 87]   Kang, M. **Entwicklung eines Werkstattsteuerungssystems mit simultaner Termin- und Kapazitätsplanung.** München: Hanser, 1987.

[KITT 83]   Kittel, T. **Beitrag zur Aktualisierung von Planungsdaten EDV-gestützter Produktionsplanungs- und -steuerungssysteme auf der Basis EDV-maschinell erfaßter Betriebsdaten.** Diss. FIR RWTH Aachen, 1983.

[KOLB 77]   Kolb, F. und Künzel, O. **Regelungstechnik.** Schroedel, 1977.

[KOUK 86]   Koukoulis, C. **"A Frame-based Method for Fault Diagnosis"** in: Mamdani, A. and Efstathiou, J. [Edit.] Expert Systems and Optimisation in Process Control. Aldershot, Hants.: Gower Technical Press, 1986. P. 160-174

[KRAL 86]   Krallmann, H. **"Expertensysteme für die computerintegrierte Fertigung"** FB/IE 35 (1986) Nr. 3, S. 100-106

[KRAL 87]   Krallmann, H. **"Expertensysteme in der Produktionsplanung und -steuerung"** CIM-Management 3 (1987) Nr. 4, S. 60-69

[KÜHN 87]   Kühnle, H. **Produktionsmengen- und -terminplanung bei mehrstufiger Linienfertigung.** Diss. IPA Univ. Stuttgart, 1987.

[KÜHN 88]   Kühnle, H. und Balzer, H. **"Informationsdefizit in der Fertigung** : Informations- und Datenlücken in der Werkstattsteuerung schließen" moderne fertigung (1988) Nr. 9, S. 109-114

[KÜHN 89]   Kühnle, H. und Fuchs, R.-M. **"Just-in-Time-PPS mit integrierter Diagnose"** ZwF 84 (1989) Nr. 12, S. 687-691

[KÜHN 90]   Kühnle, H. und Balzer, H. **"Keine PPS-Lücken mehr in der Werkstatt"** wt 80 (1990) Nr. 3, S. 141-144

[KUHN 90]   Kuhn, A. **"Entwicklungstendenzen in der Produktionslogistik"** in: Kuhn, A. [Hrsg.] Produktionslogistik '90. Tagungsband. München: gfmt, 1990. S. 8-33

[KUPE 91]   Kupec, T. **Wissensbasiertes Leitsystem zur Steuerung flexibler Fertigungsanlagen.** Diss. iwb TU München, 1991.

[LIND 70]   Lindemann, P. **Unternehmensführung und Wirtschaftskybernetik.** Berlin: Luchterhand, 1970.

[LUDW 89]   Ludwig, E. **"Stand der Entwicklung eines Expertensystems zur Fertigungsablaufdiagnose"** in: Wiendahl, H.-P. [Hrsg.] Belastungsorientierte Fertigungssteuerung : Praxis und Weiterentwicklung. Tagungsband zum Fachseminar. München: gfmt, 1989. S. 189-218

[LUDW 90]   Ludwig, E., Nyhuis, P. und Ullmann, W. "Analyseverfahren zur Diagnose der Produktion" in: Kuhn, A. [Hrsg.] Produktionslogistik '90. Tagungsband. München: gfmt, 1990. S. 87-130

[LUDW 91]   Ludwig, E. "Bausteine einer modellorientierten Fertigungsregelung" in: Wiendahl, H.-P. [Hrsg.] Modellbasiertes Planen und Steuern reaktionsschneller Produktionssysteme : Lösungskonzepte und Erfahrungen. Tagungsband zum IFA-Kolloquium 1991. München: gfmt, 1991. S. 91-120

[LUTZ 87]   Lutz, P. Vorstudie "Fertigungsregelung". Unveröffentlichte Studie des iwb im Auftrag der SIEMENS AG. 1987.

[LUTZ 88]   Lutz, P. Leitsysteme für die rechnerintegrierte Auftragsabwicklung. Diss. iwb TU München, 1988.

[MAZU 86]   Mazumder, R.B. "Die funktionale Betrachtung der innerbetrieblichen Informationsverarbeitung bei produzierenden Unternehmen" in: Planen und Steuern der Produktion : Bausteine für eine computerunterstützte Fertigung. Tagungsbericht. München: gfmt, 1986. S. 370-403

[MERT 88]   Mertens, P. "Wissensbasierte Systeme in der Produktionsplanung und -steuerung – eine Bestandsaufnahme" Information Management (1988) Nr. 4, S. 14-22

[MERT 89]   Mertens, P. "Verbindung von verteilter Produktionsplanung und -steuerung und verteilten Expertensystemen" Information Management (1989) Nr. 1, S. 6-11

[MERT 90]   Mertens, P. Expertensysteme in der Produktion : Praxisbeispiele aus Diagnose und Planung : Entscheidungshilfen für den wirtschaftlichen Einsatz. München: Oldenbourg, 1990.

[MERT 90a]   Mertens, P., Borkowski, V. und Geis, W. "Status der Einführung von Expertensystemen in die Praxis" in: Behrendt, R. [Hrsg.] Angewandte Wissensverarbeitung : Die Expertensystemtechnologie erobert die Informationsverarbeitung. München: Oldenbourg, 1990. S. 311-329

[MERI 85]   Mertins, K. Steuerung rechnergeführter Fertigungssysteme. zugl. Diss. IWF/IPK TU Berlin, 1984. München: Hanser, 1985.

[MERI 90]   Mertins, K. und Schallock, B. "Wissensbasierte Werkstattsteuerung" ZwF 85 (1990) Nr. 8, S. 431-434

[MEYE 87]   Meyer, W. "Knowledge-based Realtime Supervision in CIM – The Workcell Controller" in: ESPRIT '86: Results and Achievements. Elsevier Science Publishers, 1987. P. 33-52

[MILB 87]   Milberg, J. und Lutz, P. "**Wissensverarbeitung – eine Herausfor-
             derung für die Produktionstechnik**" in: Wildemann, H. [Hrsg.]
             Expertensysteme in der Produktion. Tagungsband. München: gfmt,
             1987. S. 177-201

[MILB 88]   Milberg, J. "**Wettbewerbsvorteile durch Stärkung der Integration**"
             in: Milberg, J. [Hrsg.] Münchener Kolloquium '88 : Wettbewerbs-
             vorteile durch Integration in Produktionsunternehmen. Tagungsband.
             Berlin: Springer, 1988. S. 1-27

[MILB 89]   Milberg, J. und Tauber, A. "**Simulation, ein Hilfsmittel zur Inte-
             gration der betrieblichen Produktionsbereiche**" in: ASIM [Hrsg.]
             Simulation und Integration. Tagungsbericht. München: gfmt, 1989.
             S. 10-28

[MILB 90]   Milberg, J. und Koepfer, T. "**Trends in der Produktionsautomati-
             sierung – Wettbewerbsvorteile durch Rechnerintegration**" Bulle-
             tin SEV/VSE 81 (1990) Nr. 9, S. 13-19

[MILB 91]   Milberg, J. "**Wettbewerbsfaktor Zeit in Produktionsunternehmen**"
             in: Milberg, J. [Hrsg.] Wettbewerbsfaktor Zeit in Produktionsunter-
             nehmen : Referate des Münchener Kolloquiums '91. Tagungsband.
             Berlin: Springer, 1991. S. 13-31

[MILB 91a]   Milberg, J. und Burger, C. "**Simulation als Hilfsmittel für die
             Produktionsplanung und -steuerung**" ZwF 86 (1991) Nr. 2, S.
             76-79

[MILB 91b]   Milberg, J. und Burger, C. "**Produktionsregelung als Erweiterung
             der Produktionsplanung und -steuerung**" CIM-Management 7
             (1991) Nr. 2, S. 60-64

[NISS 82]   Nissing, T. **Beitrag zur Entwicklung eines dezentralen Produk-
             tionsplanungs- und -steuerungssystems auf der Basis verteilter
             Datenbestände**. Diss. FIR RWTH Aachen, 1982.

[NOCH 90]   Noche, B. und Dieckmann, T. "**Simulation in der Werkstattsteue-
             rung**" Technica (1990) Nr. 12, S. 81-84

[NOLT 90]   Nolting, F.-W. und Schlüter, K. "**Aufträge und Vorgabezeiten im
             Abgleich mit der Produktionsüberwachung optimieren**" ZwF 85
             (1990) Nr. 12, S. 625-628

[NYHU 89]   Nyhuis, F. "**Kennzahlen und Grafiken mit dem Kontrollsystem
             FAST**" in: Wiendahl, H.-P. [Hrsg.] Belastungsorientierte Fertigungs-
             steuerung : Praxis und Weiterentwicklung. Ergänzungen zum Ta-
             gungsband des Fachseminars. München: gfmt, 1989. S. 33-47

[NYHU 89a]   Nyhuis, F. und Woll, G. "**Programm zur Diagnose und Überwa-
             chung des Fertigungsablaufs**" ZwF 84 (1989) Nr. 2, S. 84-86

[OERT 77]   Oertli-Cajacob, P. **Praktische Wirtschaftskybernetik** : Ein praxis-orientierter Leitfaden für die Gestaltung und Optimierung der Planung und Organisation in Industrie, Handel und Verwaltung. München: Hanser, 1977.

[OTTA 86]   N.N. **The Ottawa Report on Reference Models for Manufacturing Standards**. ISO TC 184/SC5/WG1 Document N51, 1986.

[PAWE 87]   Pawellek, G. "**Logistikgerechte Just-in-time-Produktion** : Entwicklung und Realisierung eines Leitsystems für montageintensive Produktionsprozesse" VDI-Z 129 (1987) Nr. 10, S. 44-48

[PAWE 89]   Pawellek, G. und Polensky, W. "**CIM und Logistik** : Integrierte Organisation Bedingung" in: Bonny, C. [Hrsg.] Jahrbuch der Logistik 1989. Düsseldorf: Handelsblatt, 1989. S. 70-75

[PAWE 90]   Pawellek, G. "**Logistik bringt Innovationspotential** : Die Bedeutung der Logistik und die entsprechenden Innovationsschwerpunkte im Unternehmen" Technica (1990) Nr. 23, S. 23-30

[PFEI 87]   Pfeifer, T. und Held, H.-J. "**Entwicklungstrends: Diagnose-Expertensysteme in der Fertigungsebene**" atp 29 (1987) Nr. 8, S. 359-366

[POLK 89]   Polke, M. "**Trends der Prozeßleittechnik**" atp 31 (1989) Nr. 9, S. 408-415

[PÖTS 89]   Pötschke, D. **Künstliche Intelligenz und Automatisierungstechnik**. Heidelberg: Alfred Hüthig, 1989.

[PRIT 89]   Pritschow, G. [Hrsg.] **Künstliche Intelligenz in der Fertigungstechnik**. München: Hanser, 1989.

[PUPP 88]   Puppe, F. **Einführung in Expertensysteme**. Berlin: Springer, 1988.

[REFA 85]   REFA [Hrsg.] **Methodenlehre der Planung und Steuerung**. Teile 1, 2 und 3. 4. Auflage. München: Hanser, 1985.

[REIN 89]   Reinhardt, A. und Rudnig, M. "**Simulation und Leitstand – Methodische und technische Integration an Projektbeispielen**" in: ASIM [Hrsg.] Simulation und Integration. Tagungsbericht. München: gfmt, 1989. S. 238-254

[RICH 75]   Richter, H. **Prozeßrechnergestützte Entscheidungsfindung**. Diss. TH Aachen, 1975.

[ROCH 90]   La Roche, U. "**Simulationstechnik für das Logistik-Controlling**" Technica (1990) Nr. 18, S. 58-61

[ROSE 88]   Rose, H. und Stengel, H. "**Kurzfristige Umdisposition in verschiedenen PPS-Ansätzen**" CIM-Management 4 (1988) Nr. 6, S. 76-84

[SAIN 83]   Sainis, P. "**Anwendung der Kybernetik in der Betriebswirtschaft, dargestellt am Beispiel der Produktionsplanung und -steuerung**" in: Baetge, J. [Hrsg.] Kybernetische Methoden und Lösungen in der

Unternehmenspraxis : Vorschläge für betriebliche Regelungsmechanismen. Berlin: Erich Schmidt, 1983. S. 77-104

[SANJ 87]   Sanjoy, R. **"Ganzheitlicher Produktionskreis** : Einbettung der CIM-Konzepte in das PPS-System und betriebswirtschaftliche Anwendung im Unternehmen" in: Wildemann, H. [Hrsg.] Planen und Steuern der Produktion : Planen und Steuern in CIM. Tagungsbericht. München: gfmt, 1987. S. 469-491

[SANK 86]   Sankaran, D. **Factory of the Future** : Entwicklungstendenzen und Zielvorstellungen. Unveröffentlichte SIEMENS-Studie. 1986.

[SANK 88]   Sankaran, D. **"Logistisches Steuerkonzept zur Realisierung einer kundenauftragsorientierten Fertigung"** in: VDI-GMA [Hrsg.] Bausteine der Produktionslogistik. Tagungsband und VDI-Bericht 691. Düsseldorf: VDI, 1988. S. 63-95

[SCHA 89]   Schachter-Radig, M. und Krickhahn, R. **"KBSM – Strukturen und Modelle : Basis für einen wiederverwendbaren Entwurf wissensbasierter Systeme"** in: Brauer, W. und Freksa, C. [Hrsg.] Wissensbasierte Systeme. Tagungsband 3. Internationaler GI-Kongress. Berlin: Springer, 1989. S. 426-435

[SCHE 88]   Scheer, A.-W. **Wirtschaftsinformatik : Informationssysteme im Industriebetrieb.** 2. Auflage. Berlin: Springer, 1988.

[SCHE 89]   Scheer, A.-W. und Zell, M. **"Benutzergerechte Fertigungssteuerung"** CIM-Management 5 (1989) Nr. 6, S. 72-78

[SCHI 84]   Scheiber, R.E. **Algorithmen zur flexiblen Gestaltung der kurzfristigen Fertigungssteuerung.** Diss. IPA Univ. Stuttgart, 1984.

[SCHG 89]   Scheuing, K. **"Steuerstrategien in der Fertigung – Grundlagen und Beschreibung"** in: ASIM [Hrsg.] Simulation und Integration. Tagungsbericht. München: gfmt, 1989. S. 209-235

[SCHL 89]   Schlüter, K. und Nolting, F.-W. **"Produktionsüberwachung auf Workstation-Rechnern"** ZwF 84 (1989) Nr. 12, S. 681-686

[SCHM 87]   Schmidt, G. **"Anwendungen wissensbasierter Systeme in der flexiblen Fertigung"** CIM-Management 3 (1987) Nr. 1, S. 58-62

[SCHM 88]   Schmidt, G. **"Fertigungssteuerung bei flexiblen Fertigungssystemen"** CIM-Management 4 (1988) Nr. 3, S. 67-71

[SCHT 89]   Schmidt, Gü. **Analyse und Entwurf linearer und einfacher nichtlinearer Regelung sowie diskreter Steuerungen.** 2. Auflage. Berlin: Springer, 1989.

[SHMI 86]   Schmidt, K.-U. **"Produktionsplanung und -steuerung in der Fabrik der Zukunft"** in: Wiendahl, H.-P. [Hrsg.] Praxis der belastungsorientierten Fertigungssteuerung. Tagungsbericht. München: gfmt, 1986. S. 1-15

[SHMI 91]   Schmidt, K.-U. "Neue Ansätze zur Materialflußsteuerung und zur Fertigungsregelung in einer hochautomatisierten Kleinserienfertigung" in: Milberg, J. [Hrsg.] Wettbewerbsfaktor Zeit in Produktionsunternehmen : Referate des Münchener Kolloquiums '91. Tagungsband. Berlin: Springer, 1991. S. 193-216

[SMID 87]   Schmidt, R. "Einsatzmöglichkeiten der Simulation in der Werkstattsteuerung" in: Simulationstechnik. Informatik Fachbericht 150. Berlin: Springer, 1987. S.

[SCHÖ 91]   Schönecker, W. Integrierte Diagnose in Produktionszellen. Diss. iwb TU München, 1991.

[SCHF 84]   Schuff, G. Bewältigung von Planabweichungen bei nachfrage- und lagergebundener Kleinserienfertigung durch eine dynamische Fertigungsplanung und -steuerung. Fortschrittsberichte VDI-Z Reihe 2 Nr. 68. Düsseldorf: VDI, 1984.

[SEID 90]   Seidel, W.-D. "Leitstandsysteme erweitern ihr Funktionsspektrum : Gegenwärtige Leistungen und zukünftige Anforderungen" ZwF 85 (1990) Nr. 3, S. 124-126

[SIMU 89]   N.N. "Simulation ist mehr als eine Planungshilfe : Die wirklichen Abläufe am realen Modell studieren" Logistik im Unternehmen 3 (1989) Nr. 9, S. 6-9

[SOLT 89]   Soltysiak, R. "Wissensbasierte Prozeßführung" in: Krems, J. [Hrsg.] Expertensysteme im Einsatz : Erfahrungsberichte der 1. Generation. München: Oldenbourg, 1989. S. 117-128

[SPUR 77]   Spur, G., Stute, G. und Weck, M. [Hrsg.] Rechnergeführte Fertigung. München: Hanser, 1977.

[SPUR 81]   Spur, G., Albrecht, R. und Rittinghausen, H. "Strategien zur Online-Fertigungsoptimierung" ZwF 76 (1981) Nr. 3, S. 114-118

[SPUR 86]   Spur, G. und Specht, D. "Expertensysteme in der Produktionstechnik" ZwF 81 (1986) Nr. 3, S. 131-134

[STEI 89]   Steinmann, D. "Konzeption zur Integration wissensbasierter Anwendungen in konventionelle Systeme der Produktionsplanung und -steuerung (PPS) im Bereich der Fertigungssteuerung" in: Scheer, A.-W. [Hrsg.] Betriebliche Expertensysteme II : Einsatz von Expertensystem-Prototypen in betriebswirtschaftlichen Funktionsbereichen. Wiesbaden: Gabler, 1989. S. 84-122

[THAL 90]   Thaler, K. "Online-Simulation in der flexiblen Montage" Technica (1990) Nr. 3, S. 43-50

[THOE 77]   Thome, R. Produktionskybernetik : Informationsfluß zur Steuerung und Regelung von Produktionsprozessen. Berlin: Erich Schmidt, 1977.

[THOM 90]   Thome, H.G. **Simulationsgestützte Planung und Betrieb von fle-xiblen Produktionssystemen im Regelkreis.** Diss. WZL RWTH Aachen, 1990.

[TREU 90]   Treutlein, K. **"Von der Kapazitäts- zur Materialflussteuerung :** Ein Konzept zur materialflußorientierten Termin- und Kapazitätspla-nung bei variantenreicher Serienfertigung" Teile 1-3. Technica (1990) Nrn. 22, 24 und 26.

[UMFR 90]   N.N. **"Aus Hochschulsicht: Stand und Trends bei PPS-Systemen"** Umfrage an 12 'Professoren der PPS-Szene'. CIM-Management 6 (1990) Nr. 1, S. 49-57

[VDI 83]   VDI-ADB, REFA, AWF, DIN u.a. [Hrsg.] **Lexikon der Produk-tionsplanung und -steuerung :** Begriffszusammenhänge und Be-griffsdefinitionen. VDI-Taschenbuch 77. 3. Auflage. Düsseldorf: VDI, 1983.

[VOIG 86]   Voigt, G. und Cramer, S. **Diskontinuierliche technologische Pro-zesse :** Grundlagen, Analyse, Modellierung, Steuerung. Berlin: Aka-demie, 1986.

[VWPR 89]   Wiendahl, H.P., Pritschow, G. und Milberg, J. **"Entwicklung von Verfahren zur Produktionsregelung bei variantenreicher Serien-fertigung"** Unveröffentlichter Projektantrag an die Stiftung Volks-wagenwerk. 1989

[WALD 90]   Waldmann, O. **Managementaufgabe CIM/CAI :** Erfolgsfaktor für entscheidende und verteidigungsfähige Wettbewerbsfaktoren. Köln: TÜV-Rheinland, 1990.

[WARN 89]   Warnecke, H.-J. **"Die Produktion als Regelkreis, Überlegungen zu seiner Gestaltung"** atp 31 (1989) Nr. 3, S. 110-115

[WARN 90]   Warnecke, H.-J. und Dangelmaier, W. **"Grenzen der Technik : Unterstützung von Produktionsplanung und -steuerung (PPS) mit künstlicher Intelligenz (KI)"** wt 80 (1990) Nr. 3, S. 145-148

[WARS 81]   Warschat, J. **Dynamische Optimierung technisch-ökonomischer Systeme.** Diss. IPA Univ. Stuttgart, 1981.

[WECK 90]   Weck, M. u.a. [Hrsg.] **Wettbewerbsfaktor Produktionstechnik.** Aachener Werkzeugmaschinen-Kolloquium '90. Düsseldorf: VDI, 1990.

[WEDE 89]   von Wedemeyer, H.-G. **Entscheidungsunterstützung in der Ferti-gungssteuerung mit Hilfe der Simulation.** Fortschrittberichte VDI-Z Reihe 2 Nr. 176. zugl. Diss. IFA Univ. Hannover. Düsseldorf: VDI, 1989.

[WICH 83]   Wicharz, R.E. **Die Flexibilität industrieller Produktionsplanung und -steuerung.** Fortschrittsberichte VDI-Z Reihe 2 Nr. 67. Düsseldorf: VDI, 1983.

[WIEN 86]   Wiendahl, H.-P. **"Von der belastungsorientierten Auftragsfreigabe zur durchlauforientierten Fertigungssteuerung"** in: Wiendahl, H.-P. [Hrsg.] Praxis der belastungsorientierten Fertigungssteuerung. Tagungsband. München: gfmt, 1986. S. 17-52

[WIEN 87]   Wiendahl, H.-P. **Belastungsorientierte Fertigungssteuerung** : Grundlagen, Verfahrensaufbau, Realisierung. München: Hanser, 1987.

[WIEN 87a]   Wiendahl, H.-P. **"Ein Modell für die CIM-gerechte Fertigungssteuerung"** CIM-Management 3 (1987) Nr. 2, S. 77-84

[WIEN 89]   Wiendahl, H.-P. **Betriebsorganisation für Ingenieure.** 3. Auflage. München: Hanser, 1989.

[WIEN 89a]   Wiendahl, H.-P. **"Simulation in der Produktionsplanung und -steuerung"** in: ASIM [Hrsg.] Simulation und Integration. Tagungsbericht. München: gfmt, 1989. S. 203-208

[WIEN 90]   Wiendahl, H.-P. **"Simulationsmodelle in der Produktionsplanung und -steuerung"** ZwF 85 (1990) Nr. 3, S. 137-141

[WILD 83]   Wildemann, H. **"Flexible Werkstattsteuerung nach japanischem Vorbild** : Funktion, Einsatz und Wirtschaftlichkeit" Blick durch die Wirtschaft (1983) Nr. 93, S. 3-10

[WILD 88]   Wildemann, H. **Die modulare Fabrik** : Kundennahe Produktion durch Fertigungssegmentierung. 2. Auflage. München: gfmt, 1988.

[WILD 91]   Wildemann, H. **"Regelorientierte Steuerung im Materialfluß, im Behälterkreislauf und im Controlling"** in: 1. Kolloquium des Bayerischen Forschungsverbunds Systemtechnik. Tagungsband. München: TU, Lehrstuhl für Thermodynamik A, 1991.

[ZÄPF 82]   Zäpfel, G. **Produktionswirtschaft : Operatives Produktions-Management.** Berlin: Walter de Gruyter, 1982.

[ZÄPF 89]   Zäpfel, G. **Strategisches Produktions-Management.** Berlin: Walter de Gruyter, 1989.

[ZEIG 84]   Zeigler, B.P. **Theory of Modelling and Simulation.** Reprint. Malabar, FL: R.E. Krieger Publishing, 1984.

[ZELE 90]   Zelewski, S. **"PPS-Expertensysteme für die Terminfeinplanung und -steuerung"** Teil 1: Konzepte. Teil 2: Prototypen. Information Management (1990) Nrn. 1 und 2

11 Bilderverzeichnis

iwb Forschungsberichte

Berichte aus dem Institut für Werkzeugmaschinen und Betriebswissenschaften der Technischen Universität München

Herausgeber: Prof. Dr.-Ing. J. Milberg

12 Reinhart, G.
Flexible Automatisierung der Konstruktion
und Fertigung elektrischer Leitungssätze
1988, 112 Abb. 197 Seiten, ISBN 3-540-19003-1   73,- DM

13 Bürstner, H.
Investitionsentscheidung in der rechnerintegrierten Produktion
1988, 77Abb. 190 Seiten, ISBN 3-540-19099-6   73,- DM

14 Groha, A.
Universelles Zellenrechnerkonzept für flexible Fertigungssysteme
1988, 74 Abb. 153 Seiten, ISBN 3-540-19182-8   73,- DM

15 Riese, K.
Klipsmontage mit Industrierobotern
1988, 92 Abb. 150 Seiten, ISBN 3-540-19183-6   73,- DM

16 Lutz, P.
Leitsysteme für rechnerintegrierte Auftragsabwicklung
1988, 44 Abb. 144 Seiten, ISBN 3-540-19260-3   73,- DM

17 Klippel, C.
Mobiler Roboter im Materialfluß eines flexiblen Fertigungssystems
1988, 86 Abb. 164 Seiten, ISBN 3-540-50468-0   73,- DM

18 Rascher, R.
Experimentelle Untersuchungen zur Technologie der Kugelherstellung
1989, 110 Abb. 200 Seiten, ISBN 3-540-51301-9   73,- DM

19 Heusler, H.-J.
Rechnerunterstützte Planung flexibler Montagesysteme
1989, 43 Abb. 154 Seiten, ISBN 3-540-51723-5   73,- DM

20 Kirchknopf, P.
Ermittlung modaler Parameter aus Übertragungsfrequenzgängen
1989, 57 Abb. 157 Seiten, ISBN 3-540-51724   73,- DM

21 Sauerer, Ch.
Beitrag für ein Zerspanprozeßmodell Metallbandsägen
1990, 89 Abb. 166 Seiten, ISBN 3-540-51868-1   78,- DM

22 Karstedt, K.
Positionsbestimmung von Objekten in der Montage-
und Fertigungsautomatisierung
1990, 92 Abb. 157 Seiten, ISBN 3-540-51879-7   78,- DM

23 Peiker, St.
Entwicklung eines integrierten NC-Planungssystems
1990, 66 Abb. 180 Seiten, ISBN 3-540-51880-0   78,- DM

24 Schugmann, R.
Nachgiebige Werkzeugaufhängungen für die automatische Montage
1990. 71 Abb. 155 Seiren, ISBN 3-540-52138-0   78,- DM

25 **Wrba, P**
Simulation als Werkzeug in der Handhabungstechnik
1990, 125 Abb., 178 Seiten, ISBN 3-540-52231-X   78,- DM

26 **Eibelshäuser, P.**
Rechnerunterstützte experimentelle Modalanalyse
mitells gestufter Sinusanregung
1990, 79 Abb., 156 Seiten, ISBN 3-540-52451-7   78,- DM

27 **Prasch, J.**
Computerunterstützte Planung von chirurgischen Eingriffen
in der Orthopädie
1990, 113 Abb., 164 Seiten, ISBN 3-540-52543-2   78,- DM

28 **Teich, K.**
Prozeßkommunikation und Rechnerverbund in der Produktion
1990, 52 Abb., 158 Seiten, ISBN 3-540-52764-8   78,- DM

29 **Pfrang, W.**
Rechnergestützte und graphische Planung manueller
und teilautomatisierter Arbeitsplätze
1990, 59 Abb., 153 Seiten, ISBN 3-540-52829-6   78,- DM

30 **Tauber, A.**
Modellbildung kinematischer Stukturen
als Komponente der Montageplanung
1990, 93 Abb., 190 Seiten, ISBN 3-540-52911-X   78,- DM

31 **Jäger, A.**
Systematische Planung komplexer Produktionssysteme
1991, 75 Abb., 148 Seiten, ISBN 3-540-53021-5   78,- DM

32 **Hartberger, H.**
Wissensbasierte Simulation komplexer Produktionssysteme
1991, 58 Abb., 154 Seiten, ISBN 3-540-53326-5   78,- DM

33 **Tuczek H.**
Inspektion von Karosseriepreßteilen auf Risse und Einschnürungen
mittels Methoden der Bildverarbeitung
1992, 125 Abb., 179 Seiten, ISBN 3-540-53965-4   88,- DM

34 **Fischbacher, J.**
Planungsstrategien zur strömungstechnischen Optimierung
von Reinraum–Fertigungsgeräten
1991, 60 Abb., 166 Seiten, ISBN 3-540-54027-X   78,- DM

35 **Moser, O.**
3D–Echtzeitkollisionsschutz für Drehmaschinen
1991, 66 Abb., 177 Seiten, ISBN 3-540-54076-8   78,- DM

36 **Naber, H.**
Aufbau und Einsatz eines mobilen Roboters mit
unabhängiger Lokomotions- und Manipulationskomponente
1991, 85 Abb., 139 Seiten, ISBN 3-540-54216-7   78,- DM

37 **Kupec, Th.**
Wissensbasiertes Leitsystem zur Steuerung flexibler Fertigungsanlagen
1991, 68 Abb., 150 Seiten, ISBN 3-540-54260-4   78,- DM

38 Maulhardt, U.
Dynamisches Verhalten von Kreissägen
1991, 109 Abb., 159 Seiten, ISBN 3-540-54365-1   78,– DM

39 Götz, R.
Stukturierte Planung flexibel automatisierter Montagesysteme
für flächige Bauteile
1991, 86 Abb., 201 Seiten, ISBN 3-540-54401-1   78,– DM

40 Koepfer, Th.
3D- grafisch-interaktive Arbeitsplanung – ein Ansatz
zur Aufhebung der Arbeitsteilung
1991, 74 Abb., 126 Seiten, ISBN 3-540-54436-4   78,– DM

Die Bände sind im Erscheinungsjahr und in den folgenden drei Kalenderjahren
zu beziehen durch den örtlichen Buchhandel
oder durch Lange & Springer, Otto-Suhr-Allee 26-28, D-Berlin 10

Rückgabedatum

04. Okt. 1993

11 4. 02. 00
13. Juli 07

08. Jan. 2010

1 0 APR 2017

22. Feb. 2019